教育部卓越教师培养计划改革项目成果教材

物理

（下 册）

主 编 王 琼 冷 洋 吴晓明
副主编 孙卫卫

U0361396

特配电子资源

微信扫码
· 延伸阅读
· 视频学习
· 互动交流

南京大学出版社

图书在版编目(CIP)数据

物理. 下册 / 王琼,冷洋,吴晓明主编. — 南京：
南京大学出版社,2020.8(2022.8 重印)
ISBN 978 - 7 - 305 - 23597 - 9

Ⅰ.①物… Ⅱ.①王… ②冷… ③吴… Ⅲ.①物理学
－职业教育－教材 Ⅳ.①O4

中国版本图书馆 CIP 数据核字(2020)第 126784 号

出版发行　南京大学出版社
社　　址　南京市汉口路 22 号　　　　邮　编　210093
出 版 人　金鑫荣
书　　名　物理(下册)
主　　编　王 琼　冷 洋　吴晓明
责任编辑　甄海龙　　　　　　　　编辑热线　025 - 83592146
照　　排　南京南琳图文制作有限公司
印　　刷　常州市武进第三印刷有限公司
开　　本　787×1092　1/16　印张 7.75　字数 183 千
版　　次　2020 年 8 月第 1 版　2022 年 8 月第 2 次印刷
ISBN 978 - 7 - 305 - 23597 - 9
定　　价　38.00 元

网址：http://www.njupco.com
官方微博：http://weibo.com/njupco
官方微信号：njupress
销售咨询热线：(025) 83594756

内容简介

本书根据高等教育教学的实际需求，以物理学的基础知识为基础，结合社会实际生活的应用，揭示物质结构和基本规律。

物理是自然科学的重要组成部分，本册分为八章，主要从电磁学、光学以及原子物理和原子核物理几个方面介绍物理基本知识，由易到难、由简到繁，结合实际，从生活走向物理，从物理走向社会，使学生了解科学技术与社会的联系，使学生对物理产生兴趣。

每章都提出了学完后应该达到的目标和要求，结合物理观察性和实验性的特点，在本书中引入读一读和做一做将物理知识延伸到实际生活。

本书既可作为初中起点的高职高专、中职院校、高等院校初中起点五年制、六年制预备阶段的教材，也可作为各类学前、小学教师培训机构教学用书，还可作为学前教师、小学教师等相关人员的参考教材。

小学教育、幼儿园教育是基础教育的基础阶段，是我国教育体系的重要组成部分，而学前教育和小学教育的质量必须以高水平的小学教师和学前教师为基础和保障。小学教育和学前教育教师的培养，是以培养具有一定理论知识和较强实践能力，面向教育教学的专门人才为目的的教育。近年来，初中起点的 5 年制、6 年制学前和小学教育迅速发展，同时随着国家和社会对基础教育的重视和关注度越来越高，幼儿园、小学教师在职培训的规模也迅速扩大，物理知识在基础教育的知识储备也更加重要。

本教材根据教师培养目标的特点，以物理学的基本框架为基础，由易到难、由简到繁，结合实际，从生活走向物理，从物理走向社会，旨在使学生通过学习了解物理学的基本思想，掌握基本原理和基本方法，并把知识应用到实践中去，能够发现生活中的物理问题，解答生活中的物理问题。

全书共八章，分别是电场、恒定电流、稳恒磁场、电磁感应、电磁场和电磁波、光的传播、光的本性以及原子核物理等内容。每章前都提出完成本章学习后应该达到的知识目标和技能目标，章节后附有练习题。

本书既可作为高等院校初中起点 5 年制、6 年制学前、小学教育类专业的教材，也可作为教师培训的教材，以及学前、小学教师的参考教材。

全书由长沙师范学院王琼、长沙师范学院冷洋、湘中幼儿师范高等专科学校吴晓明担任主编，由西北工业大学附属中学孙卫卫担任副主编。最后由王琼负责统稿审定。

由于编者水平有限，经验不足，书中的缺点和错误在所难免，恳请读者给予批评指正。

编 者

2020 年 6 月

目 录

第4章　电磁感应

第5章　电磁场和电磁波

第6章　光的传播

第7章 光的本性

第8章 原子核物理

第1章 电 场

本章导读 ▶

　　电场是物质世界的重要组成部分,本章将介绍静电场的基本知识。通过学习电荷、电场、电场强度、电势、电势能、电容器等基本物理概念,了解静电现象及其在生活和生产中的应用,知道点电荷,体会科学研究中的理想模型方法,了解静电场,掌握电场强度的描述、大小和方向的判断方法,掌握电场强度与电场力、电场力做功之间的关系,了解电容器在技术中的应用;能用这些知识去分析一些生活中常见的静电场现象,并能够联系实际,解决一些生活中的问题。

1.1　电荷与库仑定律

汽车、飞机、电视、空调、电脑、手机、网络、磁卡……生活中随处可见的电设备，静电场已经渗入社会生活的各个方面。电的大规模应用，基于人们对电的认识。那么，人们是怎么样获得电的有关的知识的呢？

1.1.1　电荷

> 电闪雷鸣是自然现象，有时候却表现得神秘恐怖，蒙昧时期的人们认为是"天神之火"。1752 年，富兰克林在美国进行了著名的"风筝实验"，成功地将天电引入莱顿瓶，证明了雷电与摩擦产生的电是相同的。

经过摩擦的物体，如塑料笔杆、玻璃棒，能够吸引轻小物体，我们说这些摩擦过的物体带了电荷。这些电荷静止在物体上的现象，叫静电现象。

大量摩擦起电实验中，人们发现电荷有正电荷和负电荷，丝绸摩擦过的玻璃棒带的电荷为正电荷，毛皮摩擦过的硬橡胶棒带的电荷为负电荷。同时实验证明了同种电荷互相排斥、异种电荷互相吸引的电荷相互作用的规律。物体所带电荷的多少叫作电荷量，简称电量，用 Q（或 q）表示。在国际单位制中，电量的单位是库仑，简称库，符号是 C。

> 物质是由原子组成的，原子是由带正电的原子核和带负电的核外电子组成的。原子核带正电荷，电子带负电荷。一般情况下，原子核带的正电荷与电子带的负电荷在数量上相等，原子呈电中性，由原子组成的物质显示电中性，即通常所说的不带电。在摩擦过程中，由于不同物质的原子核束缚电子的本领不同，一些被原子核束缚不够紧的核外电子转移到另一个物体上，于是失去电子的物体带正电，得到电子的物体带负电。可见，摩擦起电的实质是电子从一个物体转移到另一个物体。

将电荷靠近不带电的导体，也可以使导体带电，这种现象叫作静电感应。利用静电感应使物体带电，叫感应起电。图 1-1 是一个感应起电过程的示意图，你能从物质的原子结构分析起电的过程，并判断金属球 A、B 各带的是哪种电荷吗？

图 1-1　感应起电实例（在移开带电球后将 A、B 分离）

相互接触的物体,电荷将重新分配的方式称为接触起电。

1.1.2 电荷守恒定律

研究表明,物体所带电荷的多少只能是电子电荷的整数倍。电子所带电荷的多少叫作元电荷,用符号 e 表示。

美国物理学家密立根用油粒法最早测量了元电荷数值。之后科学家的实验进一步精确测量了元电荷。元电荷的值 $e=1.6\times10^{-19}$ C。

摩擦起电、感应起电以及其他大量事实表明:电荷既不能被创造,也不能被消灭,它们只能从一个物体转移到另一个物体,或者从物体的一部分转移到另一部分;在转移的过程中,电荷的总量不变,这个结论叫作电荷守恒定律。电荷守恒定律是自然界的一条基本规律。

1.1.3 库仑定律

电荷之间的相互作用力的大小与什么有关呢?

法国物理学家库仑(1736—1806)通过实验研究了电荷之间的相互作用力,于1785年提出下面的定律:

真空中两个点电荷之间的相互作用力,跟它们的电荷量的乘积成正比,跟它们之间的距离的二次方成反比,作用力的方向在它们的连线上。这个规律叫作库仑定律。电荷间这种相互作用的力叫作静电力,又称库仑力。

当带电体的距离比带电体的尺寸大得多时,带电体的形状和大小对它们的相互作用力的大小影响可以忽略不计,这样的带电体就叫作点电荷。点电荷是一种理想模型。

如果用 Q_1 和 Q_2 表示两个点电荷的电荷量,用 r 表示它们之间的距离,用 F 表示它们之间的静电力,则库仑定律可以表示为

$$F=k\frac{Q_1Q_2}{r^2}$$

k 是一个常量,叫作静电力常量。在上式中如果各个物理量都用国际制单位,即电荷量的单位用 C,力的单位用 N,距离的单位用 m,$k=9.0\times10^9$ N·m²/C²。

库仑定律是电磁学的基本定律之一。库仑定律给出的是点电荷间的静电力。当带电体不能看作点电荷时,可以将它们看成由许多点电荷组成,根据力的合成法则和库仑定律就可以求出它们之间的静电力的大小和方向。

阅读材料

库仑(1736—1806),法国工程师、物理学家,最主要的贡献是发现著名的库仑定律。当时,法国科学院悬赏,征求改良航海指南针中的磁针问题。库仑认为磁针支架在轴上,必然会带来摩擦,要改良磁针的工作,必须从这一根本问题着手,他提出用细头发丝或丝线悬挂磁针,在实验过程中他发现线扭转时的扭力和针转过的角度成比例关系,从而可利

用这种装置算出静电力或磁力的大小。这是扭秤的基本原理,扭秤能以极高的精度测出非常小的力。

库仑定律是库仑通过扭秤实验总结出来的,在细金属丝的下端悬挂一根秤杆,它的一端有一个小球A,另一端有一平衡体B,在A旁放置一个同它一样大小的固定小球C。为了研究带电体间的作用力,先使A和C都带一定电荷,这时扭秤因A端受力而偏转,扭转悬丝上端的旋钮,使小球A回到原来的位置,平衡时悬丝的扭力矩等于静电力施在A上的力矩。如果悬丝的扭转力矩同扭角间的关系已知,并测得秤杆的长度,就可以求出在此距离下AC之间的作用力。

在当时没有公认的测量电量方法的情况下,库仑根据对称性,采用一个巧妙的方法来比较两个金属小球所带电量大小的关系,两个大小材质一样的小球,一个带电一个不带电,相互接触后,电量被两个球等分,库仑用这个方法得到相同的带电量。

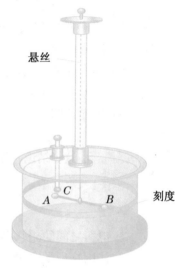

悬丝

刻度

图1-2 扭秤实验装置图

习题 1.1

1. 关于点电荷的说法,正确的是 （　　）

A. 只有体积很小的带电体才能看作点电荷

B. 体积很大的带电体一定不能看作点电荷

C. 当带电体的大小及形状对它们的相互作用力的影响可以忽略,这两个带电体可以看作点电荷

D. 一切带电体都可以看作点电荷

2. 两个点电荷甲和乙同处于真空中,甲的电量是乙的4倍,则甲对乙的作用力是乙对甲的作用力的_____倍。

3. 比较库仑定律和万有引力定律,说出相同点和不同点。

4. 真空中两个点电荷之间的作用力为F,现在将其中一个电荷的电量增加到原来的2倍,将它们的距离增大到原来的2倍,它们的作用力变为_____。

5. 两个点电荷甲和乙同处于真空中,它们的电荷均增大为原来的4倍,保证其间的作用力不变,那么距离要怎么变?

6. 两个半径为0.3 m的金属球,球心相距1.0 m放置,当都带1.5×10^{-5} C的正电时,相互作用力为F_1,当它们分别带$+1.5 \times 10^{-5}$ C和-1.5×10^{-5} C的电量时,相互作用力为F_2,则 （　　）

A. $F_1 = F_2$　　　　B. $F_1 < F_2$　　　　C. $F_1 > F_2$　　　　D. 无法判断

1.2 电场与电场强度

1.2.1 电场

　　静电力并不需要电荷直接接触。历史上,人们曾经认为静电力是一种不同于摩擦力、弹力的所谓"超距力"。经过长期的研究,人们发现,电荷周围总是存在着一种特殊物质,电荷的相互作用,就是通过这种特殊物质来传递的。这种物质就称为电场。

> 　　静电场,指的是观察者与电荷相对静止时所观察到的电场。它是电荷周围空间存在的一种特殊形态的物质,其基本特征是对置于其中的静止电荷有力的作用。场的概念的建立,是人类对客观世界认识的一个重要进展,虽然看不见摸不着,但是它们是客观存在的物质。

1.2.2 电场强度

　　电场的最基本的性质,就是对处于其中的电荷有力的作用,这种力称为电场力,由此可以判断电场的存在。如图 1-3,设 Q 为任意一个电荷,A 点是电场中的任意一点。我们来研究 Q 产生的电场在这一点的力的性质。

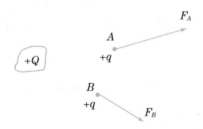

图 1-3　研究电场的力的性质

> 　　为研究电场的性质,必须在该点放入其他的电荷。放入的电荷的电量必须非常小,放入后不影响要研究的电场的性质。同时放入的电荷的体积也必须非常小,满足这两个条件的电荷称为试探电荷或检验电荷,q 是用来检验电场是否存在及其强弱分布情况的;被检验的电场是由 Q 激发出来的,我们称为场源电荷或源电荷。

　　如图 1-3,试探电荷 q 放在电荷 Q 产生的电场中,在不同点受到的电场力的大小一般是不同的,这表明电场中各点的电场强弱一般是不同的。电荷 q 在距 Q 较远的 A 点,受到的电场力小,表示 A 点的电场弱。电荷 q 在距 Q 较近的 B 点,受到的电场力大,表示 B 点的电场强。但我们不能直接用电场力的大小表示电场的强弱,因为电场力的大小与试探电荷的带电量有关。但实验表明,在电场中的同一点,试探电荷所受的电场力与试探电荷的电量的比值是一个与试探电荷的电量无关的物理量,这个比值由 q 在电场中的位置决定,跟检验电荷 q 的大小无关。在电场中的不同点,比值一般是不同的。

为了描述电场的强弱,我们引入电场强度的概念。试探电荷电场中某点在所受到的电场力 F 跟试探电荷的电量 q 的比值,叫作该点的电场强度,简称场强。用 E 表示电场强度,则

$$E=\frac{F}{q}$$

电场强度的单位是牛每库,符号是 N/C,它的另一个单位是伏每米,符号是 V/m,1 V/m＝1 N/C。

电场强度是矢量,电场中某点的场强的方向与正电荷在该点所受的电场力的方向相同。按照此规定,负电荷在电场中某点所受的电场力的方向跟该点的场强的方向相反。

电场强度是由电场本身决定的,电场中某点的电场强度与在该点是不是放电荷、放入电荷的性质和电量的大小都无关。电场是由源电荷激发的,我们需要研究电场与源电荷之间的关系。点电荷是最简单的源电荷,根据库仑定律,一个带电量为 Q 的点电荷,与相距 r 的带电量为 q 检验电荷的库仑力为 $F=k\dfrac{Qq}{r^2}$,根据电场的定义 $E=\dfrac{F}{q}$,所以该点的电场强度的大小为

$$E=k\frac{Q}{r^2}$$

可以理解为以 Q 为圆心半径为 r 的一个圆球面,球面上的各点电场强度大小相等。当 Q 为正电荷时,E 的方向为沿半径向外;当 Q 为负电荷时,E 的方向为沿半径向里。

> 实际生活中,场源一般不是单个点电荷,大量实验表明,某点的电场强度为各个点电荷在该点产生的电场强度的矢量和,即电场的作用是可以相互叠加的。一个比较大的带电物体不能看作点电荷,计算电场时可以分成若干小块,只要符合条件,就可以将每小块看成点电荷,然后利用点电荷电场叠加的方法来计算。

1.2.3 电场线

形象地了解和描述电场中各点电场强度的大小和方向也很重要。法拉第采用了一个简洁的方法描述电场,那就是画电场线。

在电场中画出一些曲线,使曲线上任意一点的切线方向都与该点的电场强度方向一致,这样的曲线叫作电场线。

如图 1-4 所示的曲线就表示一条电场线,A、B、C 三点的场强方向与电场线在这些点的切线方向一致。

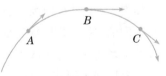

图 1-4 电场线

演示实验

电场线的模拟

把奎宁的针状晶体或者头发屑悬浮在蓖麻油里,加上电场,针状晶体或头发屑就会按场强的方向排列起来,显示出电场线的分布情况。

图1-5,分别表示孤立的正点电荷和孤立的负点电荷周围的电场线分布。

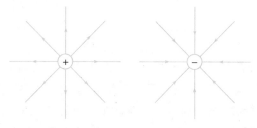

图1-5 孤立的正点电荷和孤立的负点电荷周围的电场线分布

图1-6,分别表示两个等量的同种点电荷和异种点电荷周围的电场线分布。

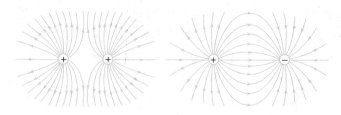

图1-6 两等量点电荷周围的电场线分布情况

从图1-5和图1-6看出,电场线在电场中是不相交的,因为在电场中任意一点不可能有两个方向。同时越靠近电荷的地方电场线越密。我们知道离电荷越近的地方,场强就越大,因此电场线除了可以表示电场的方向外,还可以形象地表示场强的大小,在同一个电场中,电场线越密的地方场强就越大,电场线越疏的地方场强就越小。但要注意的是,电场线不是实际存在的线,是为了描述电场而假想的线,是一种理想化的模型。

1.2.4 匀强电场

如果电场中的场强处处大小相等、方向相同,这个区域内的电场就称为匀强电场。匀强电场是最简单的电场,在理论和实验研究中经常用到。匀强电场的各点场强方向相同,所以电场线是平行线;匀强电场的各点场强大小相等,所以电场线的间隔是相等的;匀强电场的电场线是间隔相等的平行线。

如图1-7,两块彼此靠近的平行金属板,分别带等量的正负电荷,它们之间的电场除边缘部分外,可以看成匀强电场。

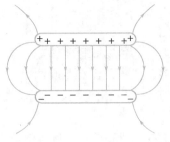

图1-7 匀强电场

阅读材料

比值定义法,就是用两个基本的物理量的"比"来定义一个新的物理量的方法。比如:物质密度、电阻、场强、磁通密度、电势差等。一般地,比值法定义的基本特点是被定义的物理量往往是反映物质的本质的属性,它不随定义所用的物理量的大小取舍而改变,如确定的电场中的某一点的场强就不随q、F而变。当然用来定义的物理量也有一定的条件,如q为点电荷,S为垂直放置于匀强磁场中的一个面积等。类似的比值还有压强、速度、功率等。

比值法适用于物质属性或特征、物体运动特征的定义。由于它们在与外界接触作用时会显示出一些性质,这就给我们提供了利用外界因素来表示其特征的间接方式,往往借助实验寻求一个只与物质或物体的某种属性特征有关的两个或多个可以测量的物理量的比值,就能确定一个表征此种属性特征的新物理量。应用比值法定义物理量,往往需要一定的条件:一是客观上需要;二是间接反映特征属性的两个物理量可测;三是两个物理量的比值必须是一个定值。

比值定义法分为两类:一类是用比值法定义物质或物体属性特征的物理量,如电场强度E、磁感应强度B、电容C、电阻R等。它们的共同特征是属性由本身所决定。定义时,需要选择一个能反映某种性质的检验实体来研究。比如定义电场强度E,需要选择检验电荷q,观测其检验电荷在场中的电场力F,采用比值F/q就可以定义。另一类是对一些描述物体运动状态特征的物理量的定义,如速度v、加速度a、角速度ω等。这些物理量是通过简单的运动引入的,比如匀速直线运动、匀变速直线运动、匀速圆周运动。这些物理量定义的共同特征是在相等时间内,某物理量的变化量相等,用变化量与所用的时间之比就可以表示变化快慢的特征。

习题 1.2

1. 在电场中A处放点电荷$+q$,其受电场力为F,方向向左,则A处场强大小为_____,方向为_____;若将A处放点电荷为$-2q$,则该处电场强度大小为_____,方向为_____。

2. 如图1所示，真空中有相距 10 cm 的两个点电荷 $Q_1 = +8.0 \times 10^{-8}$ C，$Q_2 = -2.0 \times 10^{-8}$ C，求它们的连线延长线上一点 P 处的场强的大小和方向，P 点与 Q_2 的距离为 10 cm。

图1　求 P 点的电场强度

3. 电场中有一点 P，下列哪些说法正确的是　　　　　　　　　　（　　）
   A. 若放在 P 点的试探电荷的电量减半，则 P 点的场强减半
   B. 若 P 点没有试探电荷，则 P 点的场强为零
   C. P 点的场强越大，则同一电荷在 P 点受到的电场力越大
   D. P 点的场强方向为试探电荷在该点的受力方向

4. 真空中有一电场，在电场中的 P 点放一电量为 4×10^{-9} C 的试探电荷，它受到的电场力 2×10^{-5} N，则 P 点的电场强度为 _____ N/C；把试探电荷的电量减少为 2×10^{-9} C，则检验电荷所受的电场力为 _____ N。如果把这个试探电荷取走，则 P 点的电场强度为 _____ N/C。

1.3　电势能　电势

　　有了电场强度的概念，我们来观察电荷的运动，倘若把一个静止的试探电荷放入电场中，它将做加速运动，这样经过一定的时间，试探电荷的动能增加，这是电场力做功的结果。我们知道功是能量转换的量度，我们来研究静电力做功的特点。

　　根据做功和静电力的特点可以证明：静电力所做的功与电荷的起始和终止位置有关，但与电荷经过的路径无关。

1.3.1　电势能

　　重力做功的特点是与路径无关，这样就有确定的重力势能。同样地，移动电荷时静电力做的功也与移动的路径无关，这样电荷在电场中也具有势能，我们称为电势能。

　　当物体被举高时，重力阻碍物体做功，物体的重力势能增加；物体下降时，重力对物体做正功，物体的重力势能减少。如图 1-8，在电场中移动电荷，如果电场力做正功，电势能转化为其他形式的能，电势能就减小；如果电场力做负功，其他形式的能转化为电势能，电势能就增加。静电力所做的功等于电势能的减少量。

　　静电力所做的功只能决定电势能的变化量，而不能决定电场中某点的电势能的数值。如果用 W_{AB} 表示电荷从 A 点移动到 B 点的过程中静电力做的功，E_{pA} 和 E_{pB} 分别表示电荷在 A 点和 B 点的电势能，则

$$W_{AB} = E_{pA} - E_{pB}$$

甲 静电力对电荷做功，电势能减少　　乙 静电力对电荷做功，电势能增加

图 1-8　电势能变化与静电力关系

> 要想确定某点的电势能，需要先规定电场中某点的电势能为 0。电荷在某点的电势能，等于把它从这点移动到零势能位置时静电力所做的功。通常把离源电荷无限远或者大地表面的电势能规定为 0。

由于自然界存在正负两种电荷，在同一电场中，同样从 A 点到 B 点，移动正电荷与移动负电荷的电势能的变化是相反的。

1.3.2　电势

前面研究电场时，我们学习了比值定义物理量的方法，电势能与检验电荷的电荷量大小有关，现在研究电场中的电势能与电荷量的比值，检验电荷在任意一点 A 的电势能 E_{pA} 与电荷量 q 成正比。电荷在电场中的某一点的电势能与电荷量的比值，叫作这一点的**电势**，用 φ 来表示。在国际单位制中，电势的单位是伏特，简称伏，符号是 V。

$$\varphi = \frac{E_p}{q}$$

在图 1-9 中，假设检验电荷带正电，沿电场线从左到右移向 B 点，电势能减少，所以我们可以说，沿着电场线方向电势逐渐降低。电势只有大小，没有方向，是个标量。规定电势零点之后，电场中各点的电势可以是正值也可以是负值。

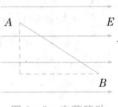

图 1-9　电荷移动

讨　论

回忆下学习重力势能时的高度，讨论高度与电势分析的相似点？电势的值是相对的还是绝对的？电场中某点电势的大小与参考点的选择是否有关？电势能与重力势能呢？

1.3.3　等势面

电场中电势相同的各点构成的面叫**等势面**。

下面是一些常见的带电体系的等势面和电场线的分布情况。

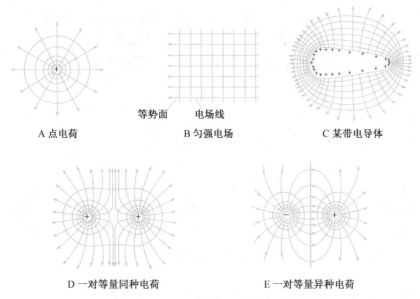

A 点电荷　　　　等势面　电场线　　　B 匀强电场　　　　C 某带电导体

D 一对等量同种电荷　　　　　　E 一对等量异种电荷

图 1-10　不同带电体系的等势面与电场线

　　在同一个等势面上,任何两点间的电势都相等,所以在同一等势面上移动电荷时静电力不做功。

　　电场线一定和等势面垂直,并且由电势高的等势面指向电势低的等势面。

习题 1.3

　　1. 电场中 A、B 两点的电势分别为 $\varphi_A=100$ V,$\varphi_B=-100$ V,把电荷 $q=-2\times10^{-9}$ C 从 A 点移到 B 点,电场力做了多少功? 电势能是增加还是减少? 增加或者减少了多少?

　　2. 图 1 为电场中的一条电场线,A、B 为这条电场线上的两点,则　　　　　（　　）

　　　　A. B 点的场强一定比 A 点的小

　　　　B. B 点的电势一定比 A 点的低

　　　　C. 将电荷从 A 点移到 B 点,电荷的电势能一定减小

　　　　D. A 点的正电荷在只受电场力作用下一定沿电场线运动到 B 点

图 1　电荷运动

　　3. A、B 是某等势面 1 上的两点,C、D 是另外一个等势面 2 上的两点,等势面 1 的电势比等势面 2 的电势高 100 V,将一个电量为 $q=4\times10^{-10}$ C 点电荷从 A 点移到 C 点,又从 C 点移动到 D 点,最后从 D 点移动到 B 点,在这三个过程中电场力做的功分别是多少?

　　4. 下列说法正确的是　　　　　　　　　　　　　　　　　　　（　　）

　　　　A. 在等势面上移动电荷,电场力总是不做功

B. 电荷从 A 点移到 B 点，电场力做功为零，则电荷一定是沿等势面移动的

C. 在同一个等势面上的各点，场强的大小必然是相等的

D. 电场线总是从电势低的等势面指向电势高的等势面

1.4 电势差

在研究重力做功时，我们更关心高度差，因为选择不同的位置为参考平面，高度会不一样，但是两个地方的高度差是一样的。同样的道理，选择不同的位置为电势零点，电场中的电势数值会改变，但是两点间的电势差是不变的，所以我们往往更关心电势的差值。

电场中两点间电势的差值叫作电势差，也叫电压。

$$U_{AB} = \varphi_A - \varphi_B$$

根据静电力做功与电势差的关系，我们可以得到

$$U_{AB} = \frac{W_{AB}}{q}$$

在电场中的 A、B 两点间移动电荷时电场力所做的功 W_{AB} 与移动电荷的路径无关。电势差只与 A、B 两点的位置有关，与路径无关，同时也与电荷的电量无关，这表明电势差反映了电场本身在 A、B 两点的能量性质。

例 1 在图 1-11 所示的电场中，把点电荷 $q = -4 \times 10^{-10}$ C 由 A 点移动到 B 点，电场力所做的功的数值是 4×10^{-9} J，求 U_{AB} 和 U_{BA} 分别为多少？如果移动的是电量相同的正点电荷，U_{AB} 和 U_{BA} 分别为多少？

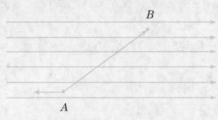

图 1-11 电势差与移动的电荷无关

分析 负电荷在电场中某点所受的电场力的方向跟该点的场强的方向相反，在 q 从 A 移动到 B 的过程中电场力方向与位移方向的夹角为钝角，所以电场力做负功，$W = -4 \times 10^{-9}$ J，

$$U_{AB} = \frac{W_{AB}}{q} = \frac{-4 \times 10^{-9}}{-4 \times 10^{-10}} = 10 \text{ V}。$$

负电荷 q 从 B 移动到 A 的过程中电场力方向与位移方向的夹角为锐角，所以电场力做正功，$W = 4 \times 10^{-9}$ J，

$$U_{BA}=\frac{W_{BA}}{q}=\frac{4\times10^{-9}}{-4\times10^{-10}}=-10\text{ V}。$$

当移动的是正电荷时，q 从 A 移动到 B 的过程中电场力方向与位移方向的夹角为锐角，所以电场力做正功，$W=4\times10^{-9}$ J，

$$U_{AB}=\frac{W_{AB}}{q}=\frac{4\times10^{-9}}{4\times10^{-10}}=10\text{ V}。$$

正电荷 q 从 B 移动到 A 的过程中电场力方向与位移方向的夹角为钝角，所以电场力做负功，$W=-4\times10^{-9}$ J，

$$U_{BA}=\frac{W_{BA}}{q}=\frac{-4\times10^{-9}}{4\times10^{-10}}=-10\text{ V}。$$

电场中两点之间的电势差是由电场决定的，与移动的电荷没有关系，是电场本身的性质。

我们也可以用电势的差值来表示电势差，如图 1-12 所示。

图 1-12 用电势的差值表示电势差

$$U_{AB}=\varphi_A-\varphi_B=2\text{ V}-(-2\text{ V})=4\text{ V}$$

假定将一正电荷沿着电场线的方向，从 A 点移动到 B 点，这时电场力做正功 $W_{AB}>0$，所以 $U_{AB}=\frac{W_{AB}}{q}$ 也大于零，由此可得 $\varphi_A>\varphi_B$，即沿场强的方向，电势是逐渐降低的。

习题 1.4

1. 把电荷 $q=5\times10^{-10}$ C 的电荷从某电场中的 A 点移动到 B 点，电场力所做的功是 $W=1.0\times10^{-8}$ J，A、B 两点间的电势差是多少？B、A 两点间的电势差又是多少？将电荷从 B 点移回 A 点，在整个过程中电场力共做了多少功？

2. 在图 1-12 中，如果将 B 点当作参考点，此时 A、O、B 三点的电势分别为多少？A、B 两点间的电势差又是多少？

3. 关于电势差 U_{AB} 和电势 φ_A、φ_B 的理解，正确的是　　　（　）

A. U_{AB} 表示 B 点与 A 点之间的电势差，即 $U_{AB}=\varphi_B-\varphi_A$

B. U_{AB} 和 U_{BA} 是一样的

C. φ_A、φ_B 都有正负，所以电势是矢量

D. 零电势点的规定虽然是任意的，但常常规定大地和无穷远处为零电势点

1.5 电势差与电场强度的关系

电场强度和电势差都是描述电场性质的物理量,都是由电场本身的性质决定的,那么二者有什么关系?

我们仅以匀强电场为例研究它们的关系。

图 1-13 表示某一匀强电场的等势面和电场线。设 A、B 间的距离为 d,电势差为 U_{AB},场强为 E。把正电荷 q 由 A 点移动到 B 点,

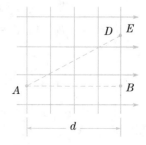

图 1-13 电场强度与电势差

$$W_{AB} = Fd = Eqd$$

$$U_{AB} = \frac{W_{AB}}{q}$$

可以得到

$$U_{AB} = Ed$$

即在匀强电场中,沿场强方向的两点间的电势差等于场强与这两点的距离的乘积。

讨 论

如果上图中电荷移动的方向是从 A 到 D,不在同一电场线上,电势差 U_{AD} 是什么情况?

B 点的电势和 D 点的电势有什么关系?

上式可以改写为

$$E = \frac{U_{AB}}{d}$$

这个等式表明,在匀强电场中,电场强度在数值上等于沿场强方向每单位距离上的电势差。

请利用所学的知识证明电场强度的另一个单位:伏每米(V/m)。

习题 1.5

1. 匀强电场中沿场强方向有相距为 0.01 m 的 A、B 两点,它们的电势分别为 $\varphi_A = 200$ V,$\varphi_B = -50$ V,该匀强电场的场强是多少?

2. 已知空气的击穿场强为 3.0×10^6 V/m,在相距 2 mm 的两块平行金属板上加多高的电压,两板间的空气就会被击穿?

3. 如图,a、b、c 是一条电场线上的三个点,电场线的方向由 a 到 c,a、b 间的距离

等于 b、c 间的距离。用 φ_a、φ_b、φ_c 和 E_a、E_b、E_c 分别表示 a、b、c 三点的电势和场强。下
列选项正确的是 ( )

A. $\varphi_a > \varphi_b > \varphi_c$

B. $E_a > E_b > E_c$

C. $\varphi_a - \varphi_b = \varphi_b - \varphi_c$

D. $E_a = E_b = E_c$

4. 在电场强度为 600 N/C 的匀强电场中，A、B 两点相距 5 cm，若 A、B 两点连线
是沿着电场方向，则 A、B 两点的电势差是 _____ V，若 A、B 两点连线与电场方向
成 60°角，则 A、B 两点的电势差是 _____ V；若 A、B 两点连线与电场方向垂直，则
A、B 两点的电势差是 _____ V。

1.6 静电现象

1.6.1 静电平衡状态下的导体

导体放入电场，其内部的自由电荷会受到电场力的作用而重新分布，这就是静电
感应。

将不带电的矩形金属导体放到场强为 E 的匀强电场中，导体内的自由电子受到电场
力的作用，将向电场的反方向做定向移动，这样在导体的左边将累积负电荷，带负电，导体
右边失去电子带正电，即产生了静电感应现象，如图 1-14A 所示。

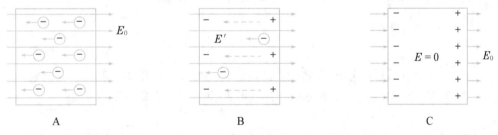

图 1-14 导体的静电平衡状态的形成

由于导体两端面出现的正负电荷在导体内部会产生与外电场 E_0 方向相反的电场
E'，它的电场线用虚线表示，见图 1-14B。由于这个电场的产生使得导体内部的场强减
弱，但是，只要导体内部的场强不为零，自由电子就会继续移动，导体两面的正负电荷就继
续增加，E' 还会增大，导体内部的场强就还会进一步减小，直到导体内部各点的合场强都
等于 0 时，导体内的自由电子将不再发生定向移动。这时导体达到静电平衡状态，见图
1-14C。

处于静电平衡状态的导体,内部的场强处处为零。

处于静电平衡的导体,其外部表面附近任何一点的场强必与这点的表面垂直,因为如果不这样,自由电子就会继续发生定向移动,就不是平衡状态。

电场强度处处为0,则任意两点间的电势差为0,即导体上各点的电势都相等。静电平衡状态的整个导体是个等势体,表面是个等势面。

1.6.2　电荷在导体上的分布

一个导体放入电场中,就会发生静电感应现象。实验表明,静电平衡时,导体上的电荷分布特点:

导体内部没有电荷,电荷只分布在导体表面。

电荷在导体表面各处的分布却不一定是均匀的,其分布情况与导体表面的弯曲程度有关,越尖锐的位置电荷分布越密集。

1.6.3　尖端放电

带电导体的尖端部分,电荷分布很密,电场强度就越大,有时候可以击穿空气,产生放电,这种现象称为尖端放电。

避雷针就是利用尖端放电现象工作的。它是一个或者多个尖锐的金属棒,安装在建筑物的顶端,用粗导线与大地连接。当带电的云靠近地面时,由于静电感应,金属棒出现与云层相反的感应电荷,当达到了很高的密度时,发生尖端放电现象。电荷不断释放,与空气中的电荷中和,防止了云层和地面之间大规模放电的出现。

1.6.4　静电屏蔽

在静电平衡状态下,金属壳内的场强仍处处为零。导体壳就可以保护它所包围的区域,使这个区域不受外部电场的影响,这种现象叫作静电屏蔽。

实现静电屏蔽不一定要密封的金属容器,金属网也能起到屏蔽作用。话筒线外面的金属网,其作用就是屏蔽外电场对音频信号的干扰,提高信号传输的质量。高压输电线的上方还有导线,组成一个稀疏的金属"网",把高压线屏蔽起来。

演示实验

静电屏蔽

如图1-15A所示,把带电的金属球靠近验电器,由于静电感应,验电器的箔片张开,这表示验电器受到了外电场的影响。

　　如果用金属罩把验电器罩住后再将带电的金属球靠近验电器,如图1-14B所示,验电器的箔片就不会张开,即使把验电器的金属小球和金属网罩用导线连接起来,箔片也不会张开。这表示金属网罩内部的场强为零,可以起静电屏蔽的作用。

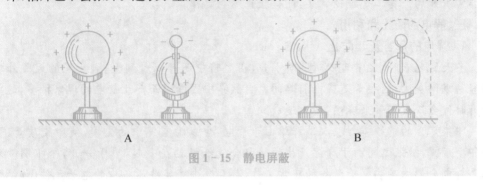

图1-15 静电屏蔽

阅读材料

一、尖端放电

　　高大建筑物上都会安装避雷针,当带电云层靠近建筑物时,建筑物会感应与云层相反的电荷,这些电荷会聚集到避雷针的尖端,达到一定的值后便开始放电,这样不停地将建筑物上的电荷中和掉,永远达不到会使建筑物遭到损坏的强烈放电所需要的电荷。雷电的实质是两个带电体间的强烈放电,在放电的过程中有巨大的能量放出。建筑物的另外一端与大地相连,与云层相同的电荷就流入大地。显然,要使避雷针起作用,必须保证尖端的尖锐和接地通路的良好,一个接地通路损坏的避雷针将使建筑物遭受更大的损失。高压线如果有变形的地方,就会出现尖端放电。由于接到电源上,它一边放电,一边不停地提供放电需要的电荷,这种放电会持续下去。尖端放电有如下弊端:

　　(1)引起火灾爆炸。如上所述,由于火花型尖端放电的放电能量较大,因此很容易引起易燃易爆混合物的燃烧和爆炸,造成重大人身伤亡和财产损失。

　　(2)妨碍生产,损坏设备。火花型及电晕型尖端放电都会对生产过程造成不同程度的阻碍,乃至损坏设备。

　　(3)静电尖端放电也可造成人体电击,如带静电的人触摸金属把手会在手指放电。

二、静电屏蔽

　　法拉第曾经冒着被电击的危险,做了一个闻名于世的实验——法拉第笼实验。法拉第把自己关在金属笼内,当笼外发生强大的静电放电时,笼内什么事都没发生。

　　静电屏蔽有两方面的意义,其一是实际意义:屏蔽使金属导体壳内的仪器或工作环境不受外部电场影响,也不对外部电场产生影响。有些电子器件或测量设备为了免除干扰,都要实行静电屏蔽,如室内高压设备罩上接地的金属罩或较密的金属网罩,电子管用金属管壳。又如做全波整流或桥式整流的电源变压器,在初级绕组和次级绕组之间包上金属薄片或绕上一层漆包线并使之接地,达到屏蔽作用。在高压带电作业中,工人穿上用金属丝或导电纤维织成的均压服,可以对人体起屏蔽保护作用。在静电实验中,因地球附近存在着竖直电场。要排除这个电场对电子的作用,研究电子只在重力作用下的运动,只有对抽成真空的空腔进行静电屏蔽才能实现。事实上,由一个封闭导体空腔实现的静电屏蔽是非常有效的。其二是理论意义:间接验证库仑定律。

三、静电的防止和利用

1. 静电的危害及其防止

冬天脱毛衣时,经常可以听到噼啪声,在黑暗中还可以看到火花,干燥的天气外衣上很容易吸附灰尘,这些都是静电引起的。自然界中因摩擦而产生静电的现象很多,这些静电有时候会给我们带来麻烦,甚至造成危害。

印染厂里的棉纱、毛线、人造纤维由于带电,会吸附空气中的尘埃,使印染质量下降。在印刷厂里,纸张之间由于摩擦产生的静电会使纸张粘在一起,难于分开,给印刷带来困难。静电会影响某些电子设备的正常工作,甚至会击穿某些设备中的电子元件(如绝缘栅型场效应管)。

有时候从刚停止的汽车上下来,手与车门接触时会有强烈的触电感,这是汽车的轮胎与地面摩擦、车身与空气摩擦产生的大量静电通过人体向地面释放造成的。

静电的最大危害是会引起火花放电,电荷积累到一定程度会产生火花放电,带来不幸。矿井中的火花放电会引起瓦斯等可燃气体爆炸,造成重大事故。装汽油或柴油等液体燃料的卡车,在灌油和运输过程中,燃料与油罐摩擦而带电。这些静电积累到一定程度就会产生电火花,引发爆炸事故。

防止静电危害的基本方法是设法把产生的电荷尽快释放掉,避免电荷的大量积累。油罐车后面拖着一条铁链,车上的静电可以通过铁链流入大地。小汽车的后面通常也装有一个与地面接触的导电刷,将车的静电导入大地。飞机的机轮上通常装有搭地线,也可以用导电橡胶制造,着陆时将机身的静电导入大地。在地毯中夹杂 0.05 mm—0.07 mm 的不锈钢丝,可以消除产生的静电。潮湿的空气也可以使电荷散失。潮湿的天气不容易做好静电实验就是这个道理,因此可以通过加湿的方法使工厂的车间内保持一定的湿度。

2. 静电的应用

静电在工业生产和日常生活中有着重要的应用,如静电除尘、静电喷涂、静电植绒、静电分选、静电复印等。这些应用所依据的基本原理都是让带电的微粒在电场力作用下奔向并且吸附到电极上。以煤为燃料的工厂、电站,每天排放的烟中带有大量灰尘,如果不加以处理会造成严重的环境污染,破坏人类的生存环境,利用静电可以达到除尘的效果。

习题 1.6

1. 将一台正在播音的收音机,用一个金属网罩住,收音机就不能正常发声了,这是为什么?

2. 达到静电平衡时的导体的电场有什么特点?

1.7 电容器

1.7.1 电容器

电容器是一种重要的电路元件,有着非常广泛的应用。在两个相距很近的平行金属板中间夹一层绝缘物质,我们称为电介质,就组成一个平行板电容器,这两个金属板叫作电容器的极板。任何两个彼此绝缘又相隔很近的导体,都可以看成是一个电容器(空气也是一种电介质)。

能够充电和放电,是电容器的基本性质。

演示实验

电容器的充电和放电

如图 1−16A 所示,把电容器的一个极板通过电流计与直流电源的正极相连,另一个极板与负极相连,可以看到电流计的指针会发生短暂的偏转,这表明有电荷向两个极板迁移,形成短暂的电流。这个过程叫作充电。充电后,两个极板就会分别带上等量的异种电荷。切断电源后,由于两极板的正负电荷间存在相互吸引力,可以长久地储存在两极板上,这时在两极板间就会形成一个电场,电容器的两极板间的绝缘物质内就储存有电场能。

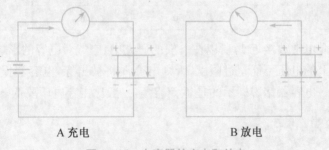

A 充电　　　　　　　　B 放电

图 1−16　电容器的充电和放电

如图 1−16B 所示,如果把充电后的电容器的两极板接通,电流计的指针也会发生短暂的偏转,这时两极板上的电荷通过电路互相中和,形成短暂的电流。电容器恢复不带电的状态。这个过程叫作放电。放电后,两极板间不再存在电场,电场能转化为了其他形式的能量。

1.7.2 电容

充电后电容器的两极板间有电势差,实验表明,电容器所带的电荷量 Q 与电容器两极板间的电势差 U 成正比,比值 Q/U 是一个常量。不同的电容器,这个比值一般是不同的,可见,这个比值表征了电容器储存电荷的本领。

电容器所带的电荷量 Q 与电容器两极板间的电势差 U 的比值,叫作电容器的电容。用 C 表示电容,则有

$$C=\frac{Q}{U}$$

电容是表示电容器容纳电荷本领的物理量。

在国际单位制中,电容的单位是法拉,简称法,符号是 F。如果一个电容器带 1 C 的电量,两极板间的电势差是 1 V,这个电容器的电容就是 1 F,实际中常用的单位有微法(μF)和皮法(pF),它们之间的单位换算为

$$1\ \mu F=10^{-6}\ F \quad 1\ pF=10^{-12}\ F$$

1.7.3 平行板电容器的电容

平行板电容器是最简单也是最普遍的电容器。

平行板电容器的电容 C 跟两极板的正对面积 S 成正比,跟极板间的距离 d 成反比,写成公式,有

$$C=\frac{\varepsilon S}{4\pi kd}$$

式中的 k 为静电力常量,ε 是一个与极板间的电介质有关的常数,称为电介质的介电常数。

几种电介质的介电常数			
电介质	真空	空气	陶瓷	云母
介电常数	1	1.000 5	6	6—8

空气的相对介电常数接近 1,所以在一般的研究中,空气对电容的影响可以忽略。

电容器两极上的电压不能超过限度,否则电介质将被击穿,电容器损坏,这个限度电压称为击穿电压。电容器铭牌标示的是额定电压,一般比击穿电压要低。

1.7.4 几种常见电容器

从容量是否固定进行分类,可以分为固定电容器(图 1-17A)、可变电容器(图 1-17B)和微调电容器(图 1-17C)。

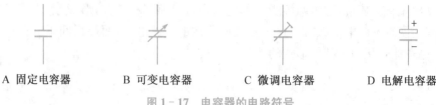

A 固定电容器   B 可变电容器   C 微调电容器   D 电解电容器

图 1-17 电容器的电路符号

电解电容器是用铝箔做一个标板,铝箔上镀一层很薄的氧化膜做电介质,用浸过电解液的纸做另一个极板,它的电路符号如图 1-17D 所示。

如图 1-18 所示为常见电容器的实物图。

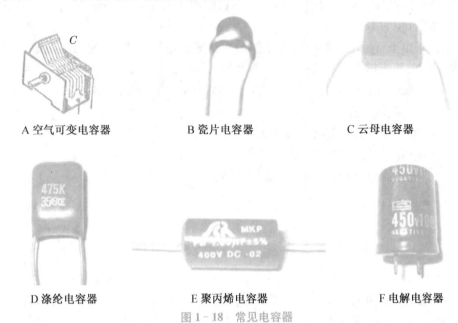

A 空气可变电容器   B 瓷片电容器   C 云母电容器

D 涤纶电容器   E 聚丙烯电容器   F 电解电容器

图 1-18 常见电容器

阅读材料

电容式话筒

电容话筒的核心部分,实际上是一只平板电容器,它有一个固定电极,一个膜片电极,膜片电板是极薄的振膜。电容式话筒工作时,将极化电压(48—52 V)通过一个很大的电阻加在两极板之间,电容器就会储存一定的电荷。声波作用在振膜上引起振动,从而改变两极板间的距离,引起电容器电容的改变,进而引起极板上电荷量的改变,电荷量随时间变化形成随声波变化的电流,经过前置放大器放大后就可以送入扩音机了。电容式话筒的频响宽、灵敏度高,非线性失真小,瞬态响应好,是电声特性最好的一种话筒。

图 1-19 电容式话筒的核心部分示意图

习题 1.7

1. 某电容器充电后正极板带电为 2.0×10^{-2} C,正负极之间的电压为 100 V,其电容为多少?

2. 平行板电容器极板面积为 3 mm²，两极板的间距为 0.01 mm，其电容为 18 pF，求电介质的介电常数。

3. 在一个平行板电容器的两极板间加 100 V 的电压充电，将它与电源断开后再将两极板间的距离增大一倍，问电容器两极板间的电压变为多少？

4. 平行板电容器充电后，与电池断开连接，当两极板间的距离减小时 （   ）
    A. 电容器的电容 C 变小
    B. 电容器极板的带电量 Q 变大
    C. 电容器两极间的电势差 U 变大
    D. 电容器两极板间的电场强度 E 不变

1.8　带电粒子在电场中的运动

带电粒子在电场中受到静电力的作用，根据牛顿第二定律，会产生加速度，会改变速度的大小和方向。（对于质量很小的电子、质子等，万有引力可以忽略。）

调整电场的方向，可以改变或者控制带电粒子的运动，可以使带电粒子加速、使带电粒子偏转，这是最常见最简单的两种情况。

1.8.1　带电粒子的加速

如图 1-20 所示，真空中有一对平行金属板，两板间电势差为 U，若一质量为 m，带电量为 $+q$ 的粒子，放入靠近正极板区域静止，分析带电粒子的运动情况，忽略重力影响。

粒子在静电力的作用下由静止从正极板向负极板运动。在带电粒子运动的过程中，静电力对它做的功

$$W_{AB} = qU_{AB}$$

根据动能定理可知，电场力做的功等于电子动能的增量

$$W_{AB} = \frac{1}{2}mv^2 - 0$$

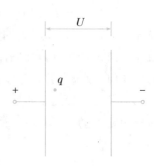

图 1-20　粒子加速

可得粒子到达负极板的速度为

$$v = \sqrt{\frac{2qU}{m}}$$

图 1-21 是示波管的电子发射与加速装置的示意图，利用电子束轰击荧光屏发光来显示信号随时间变化的规律。

通过一直流电源将灯丝加热到几百摄氏度，灯丝就可以发射大量的电子，这种现象称为热发射。热发射产生的电子速度比较小，可以近似地看作零。在灯丝和加

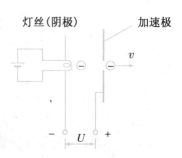

图 1-21　电子的发射与加速

速极之间加一个比较高的电压 U,极性如图所示,这样电子在穿越电场所在的区域的过程中电场力就会对电子做功。

> **例1** 图 1-20 中,金属板间电压为 2 500 V,当发射出的电子经金属板加速后,从金属板小孔穿出,请问电子穿出的速度有多大?
>
> **解** 根据 $v=\sqrt{\dfrac{2eU}{m}}$,代入已知条件可以得到
>
> $$v=\sqrt{\dfrac{2eU}{m}}=\sqrt{\dfrac{2\times1.6\times10^{-19}\times2\,500}{0.91\times10^{-30}}}\ \text{m/s}=3.0\times10^{7}\ \text{m/s}。$$

1.8.2 带电粒子在电场中的偏转

如图 1-22 所示,在真空中水平放置一对平行的金属板 Y 和 Y',板间的距离为 d,在两板间加偏转电压 U。一电子垂直电场射入平行板,所受静电力的方向和速度方向不一致,带电粒子就会发生偏转,沿平行板方向不受力,电子做类似平抛的运动:水平方向做匀速运动,竖直方向做初速度为零的匀加速运动。

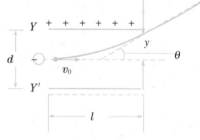

加速度 $a=\dfrac{F}{m}=\dfrac{eE}{m}=\dfrac{eU}{md}$

运动时间 $t=\dfrac{l}{v_0}$

偏移距离 $y=\dfrac{1}{2}at^2=\dfrac{el^2U}{2mv_0^2d}$

图 1-22 电子在电场中的偏转

电子离开电场时 y 方向的分速度为 $v_y=at=\dfrac{elU}{mv_0d}$,同时 x 方向的速度不变,电子离开电场时的偏转角度的正切值 $\tan\theta=\dfrac{v_y}{v_0}=\dfrac{elU}{mv_0^2d}$

1.8.3 示波管的工作原理

简化后的示波管的构造如图 1-23 所示。它由电子枪、XX' 偏转电极、YY' 偏转电极和荧光屏组成,管内抽成高度真空。

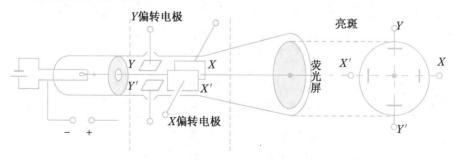

图 1-23 示波管的结构示意图

23

如果在两个偏转电极上都不加电压,电子束从加速电极的小孔中穿出后将做匀速直线运动,打在荧光屏上在荧光屏的中心位置形成一个亮斑。

习题 1.8

1. 在真空中有一对平行金属板,两板间的电势差为 100 V,质子从静止开始被加速,从一个极板到达另一个极板时具有多大的速度?

第 2 章　恒定电流

　　我们通过对电场的研究获得了不少关于电的知识,在生活中,还有许多由于电荷的流动而引发的现象,为什么会产生这些现象? 这些现象的原理是什么? 我们可以利用这些现象做什么? 研究这些问题就要求我们对电流、电压、欧姆定律、生活中的用电器有初步了解,能熟练地使用电压表和电流表测量电流、电压、电功率、电阻等,能分析处理简单的电路问题,进而能利用这些原理知识来发现生活中的问题,解释生活中的现象,解决生活中的问题。

2.1　电流和电源

2.1.1　电源

下雨时,我们经常可以看到天空中的闪电发出耀眼的闪光,或者我们也可以看到家里的电灯一直持续发光,那对我们来说,更有价值的是持续发光的电灯。那怎么样才能让电灯持续发光呢?

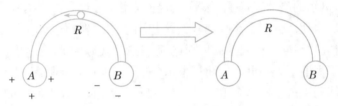

图 2-1　自由电子的运动

如图 2-1,有 A、B 两个带异种电荷的带电小球,如果中间用金属导线相连,由于静电力的作用,金属中的自由电子便会沿着导线做定向运动,使得两导体间的电势差消失,两导体成为一个等势体,达到静电平衡,这时电荷的定向运动变消失了。但是此时的导线中的电流是瞬时的。

为了获得持续的电流,我们假设在 AB 间加一个装置,如图 2-2 所示,该装置的作用就是将经导线到达 A 的电子拿走,并补充给失去电子的 B,使 AB 两导体维持一定的电势差,由于

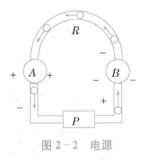

图 2-2　电源

有这个电场的存在,自由电子就能够不断从 B 经过导线向 A 定向移动,从而形成持续的电流。我们把提供电势差的这个装置称为电源,A 和 B 就是电源的两极。

> 干电池、蓄电池、发电机等都是电源,电源的作用是保持导体两端的电压,使导体中有持续的电流。正电荷在电场力作用下从电势高处向电势低处运动,所以电流是从电势高的一端流向电势低的一端,即在电源外部的电路中,电流从电源的正极流向负极。

2.1.2　电流

当导体内没有电场时,导体中大量的自由电荷就像气体中的分子一样,不停地做无规则的热运动,自由电荷向各个方向运动的机会相等。

我们把自由电荷的定向移动称为 **电流**,导体中的电流可以是正电荷的定向移动,也可以是负电荷的定向移动,还可以是正、负电荷沿相反方向的定向移动。历史上规定正电荷

定向移动的方向为 电流的方向 。

电流的强弱用电流这个物理量来表示。通过导体横截面的电量 Q 跟通过这些电量所用的时间 t 的比值称为电流。用 I 表示电流,有

$$I=\frac{Q}{t}$$

在国际单位制中,电流的单位是安培,简称安,符号是 A。如果在 1 s 内通过导体横截面的电量是 1 C,导体中的电流就是 1 A。常用的电流单位还有毫安(mA)和微安(μA),它们之间的单位换算为

$$1\ \text{mA}=10^{-3}\ \text{A}$$
$$1\ \mu\text{A}=10^{-6}\ \text{A}$$

方向不随时间而改变的电流叫作直流,方向和强弱都不随时间而改变的电流叫作恒定电流。通常所说的直流常常是指恒定电流。

导体中产生电流的条件:导体两端存在电压。

2.1.3　电动势

在外电路中,正电荷从电源的正极不断流向负极,电源把到达负极的正电荷经电源内部搬运到正极,这需要电源拥有"非静电力"来搬运电荷,非静电力做功,电荷的电势能增加,所以 电源 是通过非静电力做功把其他形式的能量转化为电势能的装置,用 电动势 来表示电源的这种能力的大小。

不接用电器时,电源两极间电压的大小是由电源本身的性质决定的。电源的电动势等于电源没有接入电路时两极间的电压。 电动势用符号 E 表示。电动势的单位跟电压的单位相同,也是伏特。

电动势 E 在数值上等于非静电力把 1 C 的正电荷从负极经电源内部送到正极做的功,电动势的单位与电势、电势差的单位相同,即

$$E=\frac{W}{q}$$

电源有两个极,正极的电势高,负极的电势低,两极间存在电压。不同种类的电源,两极间电压的大小一般是不同的。例如,不接用电器时,单节干电池的电压约为 1.5 V,单节铅蓄电池的电压约为 2 V,单节镍氢电池的电压约为 1.2 V,单节锂电池的电压约为 3.6 V。由于电源内部电阻(内阻 r)的原因,接上用电器时,电源两极之间的电压还会有不同程度的降低。

> 　　电动势与电势差(电压)是容易混淆的两个概念。电动势是表示非静电力把单位正电荷从负极经电源内部移到正极所做的功与电荷量的比值;而电势差则表示静电力把单位正电荷从电场中的某一点移到另一点所做的功与电荷量的比值。它们是完全不同的两个概念。

注意:虽然电动势与电势差(电压)有区别,但电动势和电势差一样都是标量。对于产

生电动势的元件直接与平行板连接的情况,电动势就等于平行板两极之间的电势差。

习题 2.1

1. 在 1 s 内通过该导线横截面的电子为 $6.25×10^{18}$ 个,导线中的电流有多大?
2. 导体中形成持续电流的条件是什么?
3. 说说生活中你还见过哪些电源?

2.2 欧姆定律 电阻

电流的形成和电源有关,那电流的大小与哪些因素有关?

2.2.1 欧姆定律

德国物理学家欧姆(1787—1854)通过实验研究得出结论:导体中的电流 I 跟导体两端的电压 U 成正比,即 $I∝U$。通常把这个关系写成等式

$$I=\frac{U}{R}$$

实验表明,R 是一个只跟导体本身有关的量。导体的 R 值越大,在同一电压下通过的电流越小,因此 R 反映了导体对电流的阻碍作用,叫导体的电阻。上式可以表述为:**导体中的电流 I 跟导体两端的电压 U 成正比,跟导体的电阻 R 成反比。** 这就是**欧姆定律**。

电阻的单位是欧姆,简称欧,符号是 Ω。如果在某段导体的两端加上 1 V 的电压,通过的电流是 1 A,这段导体的电阻就是 1 Ω。所以,1 Ω=1 V/A。常用的电阻单位还有千欧(kΩ)和兆欧(MΩ),它们之间的单位换算为

$$1\ k\Omega=10^3\ \Omega$$

$$1\ M\Omega=10^6\ \Omega$$

2.2.2 伏安特性曲线

用纵坐标表示电流 I,用横坐标表示电压 U,画出的 I-U 图线称为导体的伏安特性曲线。金属导体的伏安特性曲线是一条通过坐标原点的直线,如图 2-3 所示。具有这种伏安特性的电学元件叫线性元件。

有些气态导体(如日光灯管中的气体)和某些半导体电子元件(如晶体管二极管、三极管)伏安特性曲

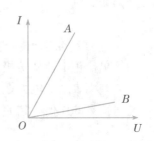

图 2-3 金属导体的伏安特性曲线

线不是直线,并不适用欧姆定律,这类电学元件叫非线性元件。

2.2.3　电阻

研究与导体电阻有关的因素

如图 2-4 所示,A、B 是两个连接点,可接入待研究的金属丝,R 为变阻器。

把材料、横截面积相同但长度不同的金属丝,先后接入电路中,调节变阻器,保持流过金属丝的电流相同,记下每次测得的电压表读数。实验表明,电压与导线的长度成正比,这表明金属导体的电阻与其长度成正比。把材料、长度相同但横截面积不同的金属丝,先后接入电路中。用同样的方法进行

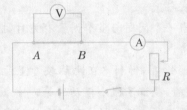

图 2-4　研究与导体电阻有关的因素

测试。可以得出金属导体的电阻与横截面积成反比的结论。把长度和横截面积都相同但不同材料的金属丝,先后接入电路中,进行实验,结果表明,材料不同,导体的电阻一般也不相同。

实验表明,导体的电阻 R,跟它的长度 l 成正比,跟它的横截面积 S 成反比。这就是电阻定律。写成公式则有

$$R=\rho\frac{l}{S}$$

式中的比例常量 ρ 跟导体的材料有关,是一个反映材料导电性能的物理量,称为材料的电阻率。横截面积和长度都相同的不同材料的导体,ρ 越大,电阻越大。材料的电阻率在数值上等于这种材料制成的长为 1 m 横截面积为 1 m^2 的导体的电阻。式中 R 的单位是 Ω,l 的单位是 m,S 的单位是 m^2,所以 ρ 的单位是 $\Omega \cdot$ m,读作欧姆米。

表 2-1　几种金属材料在 20 ℃时的电阻率

材料	$\rho/\Omega \cdot$ m	材料	$\rho/\Omega \cdot$ m
银	1.6×10^{-8}	铁	1.0×10^{-7}
铜	1.7×10^{-8}	锰铜合金	4.4×10^{-7}
铝	2.9×10^{-8}	镍铬合金	1.0×10^{-6}

从表中可以看出,银、铜、铝的电阻率都很小,因此一般的导线都用铜和铝制作。合金的电阻率一般都比纯金属大,经常用来制作电阻丝。

阅读材料

控制变量法

物理学中对于多因素（多变量）的问题，常常采用控制因素（变量）的方法，把多因素的问题变成多个单因素的问题。每一次只改变其中的某一个因素，而控制其余几个因素不变，从而研究被改变的这个因素对事物的影响，分别加以研究，最后再综合解决，这种方法叫控制变量法。它是科学探究中的重要思想方法，广泛地运用在各种科学探索和科学实验研究之中。

当一个问题与多个因素有关时，探究该问题与其中某个因素的关系时，通常采用控制变量法。

1583 年，伽利略在比萨教堂里注意到一盏悬灯的摆动，随后用线悬铜球做模拟（单摆）实验，确证了微小摆动的等时性以及摆长对周期的影响，由此创制出脉搏计用来测量短时间间隔。运用的方法就是控制变量法。

当探究电阻和电流的关系时，我们可以先将电压人为控制（即不变），改变电阻的大小，再测出各个电阻值所对应的电流的大小，从而可以得知电压一定时，通过导体的电流和电阻成反比。控制变量法是为了研究物理量之间的关系。

同样探究位移和速度、时间的关系，即位移＝速度·时间，这个公式可以用控制变量法来研究，就是说，知道"速度""位移""时间"，但为了研究出"位移＝速度·时间"这个公式，我们要采用控制变量法。我们让一辆小车匀速行驶一段时间，然后看它的位移。为了研究位移跟"速度""时间"是什么关系，我们先让小车以不同的速度行驶相同的时间，比较两种情况下行驶的位移。

2.2.4 半导体

半导体是导电性能介于导体和绝缘体之间的一类材料的总称，其电阻率在 10^{-6} Ω·m—10^{-5} Ω·m，常用的半导体材料有硅、锗、砷化镓等。

半导体材料的电阻率随温度的增加而减小，与金属材料正好相反。除此之外，半导体的导电性能还受许多因素影响。例如，在纯净的半导体中掺入微量的某些物质，会使半导体的导电性能发生显著的变化。利用半导体的这一特性可以制造各种各样的半导体器件，如晶体二极管、晶体三极管、集成电路等。它们在现代技术中发挥着非常重要的作用。

有的半导体，在温度升高时电阻减小得非常迅速，利用这种材料可以制成热敏电阻，它是温度自动控制（比如电冰箱的温度控制、烘烤箱的恒温控制等）设备中的核心元件。利用热敏电阻制成的电子温度计，可以快速准确地测量温度。

光照也会改变半导体的电阻率，有的半导体，在光照下电阻大大减小。利用这种半导体材料可以做成体积很小的光敏电阻。光敏电阻是光电自动控制设施中的核心元件，有着广泛的应用。

此外，利用半导体，还可以制造太阳能电池、半导体激光器等，半导体在现代科学技术中发挥着越来越重要的作用。

阅读材料

半导体的历史

1833 年,英国巴拉迪最先发现硫化银的电阻随着温度的变化情况不同于一般金属,一般情况下,金属的电阻随温度升高而增加,但巴拉迪发现硫化银材料的电阻是随着温度的上升而降低。这是半导体现象的首次发现。

1839 年法国的贝克莱尔发现半导体和电解质接触形成的结,在光照下会产生一个电压,这就是后来人们熟知的光生伏特效应,这是被发现的半导体的第二个特征。

1873 年,英国的史密斯发现硒晶体材料在光照下电导增加的光电导效应,这是半导体又一个特有的性质。

1874 年,德国的布劳恩观察到某些硫化物的电导与所加电场的方向有关,即它的导电有方向性,在它两端加一个正向电压,它是导通的;如果把电压极性反过来,它就不导电,这就是半导体的整流效应,也是半导体所特有的第三种特性。同年,舒斯特又发现了铜与氧化铜的整流效应。

半导体这个名词大概到 1911 年才被考尼白格和维斯首次使用。而总结出半导体的这四个特性一直到 1947 年 12 月才由贝尔实验室完成。

2.2.5　超导体

1911 年,荷兰物理学家昂尼斯(1853—1926)在研究水银的电阻率随温度变化的规律时发现,当温度降到 4.7 K 的时候,水银的电阻突然变为零。随后人们发现,大多数金属在温度降到某一数值时,都会出现电阻突然降为零的现象。我们把这个现象称为超导现象。导体由普通状态向超导状态转变时的温度称为超导转变温度,不同的金属其转变温度都不一样,例如铅的转变温度为 7.0 K,水银的转变温度为 4.7 K,铝的转变温度为 1.2 K。

由于导线具有电阻,电流通过导线时会产生焦耳热,这会带来电能损失。超导体电阻为零,电流通过时不会产生焦耳热,因此就没有电能损失。超导现象的发现引起了人们极大的兴趣,很快就掀起了一场超导研究的热潮。但由于一般金属的转变温度都非常低,要获得这样的低温需要复杂的设备,所以金属超导体并没有在技术中获得真正的应用。

1986 年 7 月,有人发现一种新的合成材料——镧钡铜氧化物,其超导转变温度为 35 K。1987 年 2 月,美国休斯敦大学的研究小组和中国科学院物理研究所的研究小组,几乎同时获得了钇钡铜氧化物超导体,将超导转变温度一下提高到 90 K,这意味着将超导从液氦温度(4.2 K)提高到比较容易实现的液氮温度(77 K)。为了与原来在液氦温度下的超导相区别,人们把氧化物超导体称为高温超导体。跟金属超导体相比,氧化物超导体除了转变温度较高之外,制备也比较简单,因此在 20 世纪 80 年代末,全世界再次出现了超导研究的热潮。此后,人们不断研制出新的超导材料,到 1992 年初,已经开发出 70 多种超导氧化物,将超导转变温度提高到 125 K 左右。125 K 的转变温度对于实际应用来说,还是太低了,人们最希望能够找到在常温下的超导材料。

常温超导有着非常美好的应用前景。超导计算机的体积和能耗可以大大缩小,运算速度可以大大提高,像家用电脑一样大小的超导计算机能够发挥现在的巨型计算机的作用。常温超导的实现将引起电力工业的一场革命。采用超导电缆输电,不但可以避免输电线上的电能损失,而且不需要高压输电,可以降低电力输送的成本,避免高电压带来的危险。同样大小的超导电动机、超导发电机,功率要比常规设备高出很多。

习题 2.2

1. 有一段导线,电阻为 R,现在将它均匀地拉长到原来的 3 倍,其电阻变为多少?

2. 有一卷包有绝缘外皮的铜导线,已知铜芯的横截面积为 2.5 mm²,量得它的电阻为 0.5 Ω,问这卷导线有多长?

3. 一个电阻通过的电流是 2 A 时测得它两端的电压是 4 V 时。如果给这个电阻加上 10 V 的电压,通过这个电阻的电流是多少?选择适当的坐标系,画出这个电阻的伏安特性曲线。

4. 图 1 是某电子元件的伏安特性曲线。这个电子元件是不是线性元件?定性描述一下通过该元件的电流与其两端的电压的关系。

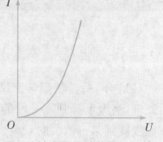

图 1 某电子元件的伏安特性

2.3 电压表和电流表

2.3.1 磁电式表头

常用的电压表和电流表都是由小量程的电流表 G(磁电式表头)改装而成的。表头主要由永磁铁和线圈组成,线圈上固定有指针。根据电磁学原理,通过电流越大,指针的偏转角就越大,根据指针位置,就可以读出电流的读数。电压表头由线圈构成,同样遵循欧姆定律,可以由指针的位置读出加在表头两端的电压。

表头一般用 G 表示,它的电阻称为表头内阻,用 R_G 表示,指针偏转到最大刻度时的电流称为满偏电流,用 I_G 表示,表头通过满偏电流时它上面的电压为 $I_G R_G$,称为满偏电压,用 U_G 表示。

2.3.2　电压表和电流表的改装

表头的满偏电压和电流一般都比较小,但是实际中需要较大量程的电表。在表头上并联一个电阻,就可以把它改装为量程较大的电流表,可以测量较大的电流。在表头上串联一个电阻,就可以把它改装为量程较大的电压表,可以测量较大的电压。

例 1　有一表头 G,内阻 $R_G = 100\ \Omega$,满偏电流 $I_G = 1\ \text{mA}$,把它改装成量程为 0.6 A 的电流表,应该并联一个多大的电阻 R?

分析　如图 2-5,电流表 A 由表头 G 和电阻 R 并联组成。量程为 0.6 A,即指针在最大刻度时,为满偏电流 1 mA 时,通过总电路的电流正好为 0.6 A。

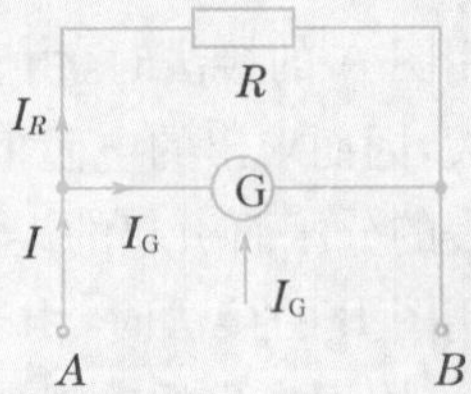

解　根据并联电路中总电流与分电流之间的关系可得 $I_R = I - I_G = 0.6\ \text{A} - 0.001\ \text{A} = 0.599\ \text{A}$。

由欧姆定律可以求出 R 的值为

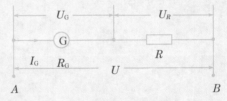

图 2-5　将表头改装为电流表

$$R = \frac{U}{I_G} = \frac{I_G R_G}{I_R} = 0.167\ \Omega$$

改装后的电流表的内阻 R_A 为表头内阻 R_G 与 R 的并联值,约等于并联电阻 R 的阻值。

例 2　将上例中的表头 G,内阻 $R_G = 100\ \Omega$,满偏电流 $I_G = 1\ \text{mA}$,改装为量程为 15 V 的电压表,应该串联一个多大的电阻 R?

分析　如图 2-6,电压表 V 由表头 G 和电阻 R 并联组成。量程为 15 V,即表头 G 两端的分电压为满偏电压 U_G 时,总电压 U 正好等于 15 V。

解　根据串联电路中总电压与分电压之间的关系可得 $U_R = U - U_G = U - I_G R_G = 15\ \text{V} - 0.1\ \text{V} = 14.9\ \text{V}$。

图 2-6　将表头改装为电压表

根据欧姆定律可以求出串联电阻 R 的值

$$R = \frac{U_R}{I_G} = \frac{U - I_G R_G}{I_G} = \frac{U}{I_G} - R_G = 15\ 000\ \Omega - 100\ \Omega = 14\ 900\ \Omega = 14.9\ \text{k}\Omega$$

改装后的电流表的内阻 R_V 为表头内阻 R_G 与 R 的串联值,约等于串联电阻 R 的阻值。

2.3.3　用伏安法测电阻

用电压表测出电阻两端的电压,用电流表测出通过电阻的电流,根据欧姆定律,就可以求出电阻。这种测量电阻的方法称为伏安法。

　　用伏安法测电阻时，由于电压表内阻不是无穷大，电流表的内阻不是零，把它们接入电路中，测量的电流就会与真实值有差异，给测量结果带来误差。

　　用伏安法测电阻有两种接法。它们分别如图2-7A、B所示。

图 2-7　伏安法测电阻的两种接法

　　采用图A的接法时，由于电流表的分压作用，电压表测出的电压值要比电阻R两端的电压大，因而求出的电阻值要比真实值大。当待测电阻的阻值远大于电流表的内阻时，因电流表的分压而引起的误差可以忽略，所以测量大电阻时应采取这种接法。

　　采用图B的接法时，由于电压表的分流作用，电流表测出的电流值要比通过电阻R的电流大，因而求出的电阻值要比真实值小。当待测电阻的阻值远小于电压表的内阻时，因电压表的分流而引起的误差可以忽略，所以测量小电阻时应采取这种接法。

2.3.4　多用表简介

　　利用一个表头、一节干电池和不同的电阻通过转换开关，我们可以做成将多量程的电压表、电流表、欧姆表合并在一起的多用表（为了测量大阻值的电阻，比较高级的多用表中除了一节1.5 V的干电池外，往往还有一块9—22.5 V的层叠电池）。它的用途广泛，使用方便，人们常常称它为万用表。

　　图2-8是它的电原理图。

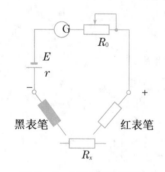

图 2-8　欧姆表原理图

　　图中的G是表头，它的内阻为R_G，R_0是可变电阻，又称调零电阻，转动调零旋钮可改变R_0的阻值。欧姆表内装一节干电池，其电动势为E，内阻为r。

　　当两表笔短接时，通过调节R_0，使流过表头的电流为I_G，即

$$I_G = \frac{E}{R_G + r + R_0}$$

此时指针满偏，表示两表笔之间的电阻为零，所以欧姆表的零刻度与电压表、电流表不一

样,刻在表盘右边的满偏位置上。

完成调零后,再在两表笔间接入一个待测电阻 R_x 时,这时流过电路的电流变为

$$I=\frac{E}{R_G+r+R_0+R_x}$$

这个电流小于 I_G,因为 I 与 R_x 存在一一对应的关系,所以指针在表盘上的位置与 R_x 也是一一对应的。利用标准电阻我们就可以在表盘上直接刻上电阻值。

当两表笔不接触时,电路断路,表明待测电阻为无限大。此时通过欧姆表的电流为零,指针不发生偏转,因此欧姆表刻度的最左端的示数为∞。需要注意的是,从 I 与 R_x 的关系可以得出欧姆表的刻度之间的间距是不均匀的。

多用电表上半部分为表盘,下半部分是选择开关,可以选择测量的功能及量程。选择电流档或者电压档时,使用规则与普通电流表和电压表一样。测量电阻时,使用前应该调整"指针定位螺丝",使指针指到零刻度,不使用的时候应该把选择开关旋转到 OFF 位置。

习题 2.3

1. 已知表头的内阻 $R_G=50\ \Omega$,满偏电流 $I_G=3\ \text{mA}$,把它改装成量程为 3 A 的电流表,应该并联一个多大的电阻 R?

2. 将上题中的表头改装为量程为 3 V 的电压表,应该串联一个多大的电阻?

3. 已知电压表的内阻为 10 kΩ,电流表的内阻为 0.05 Ω,用图 2-7A 所示的电路测得一未知电阻的阻值为 0.5 Ω,你认为测量结果是否可靠,能不能设法提高测量精度? 说出理由。

2.4　描绘小灯泡的伏安特性曲线

[实验目的]

学会用描点法画小灯泡的伏安特性曲线,根据 $U\text{-}I$ 图线分析电流随电压的变化规律。

[实验原理]

实验电路图如图 2-9 所示,滑动变阻器采用分压接法,通过调节变阻器的滑片位置,利用电流表和电压表测出 12 组左右不同的电压和电流值,在坐标纸上以电流 I 为横轴,以电压 U 为纵轴画出 $U\text{-}I$ 曲线。

图 2-9　电路图

[实验器材]

"4 V,0.7 A"或"3.8 V,0.3 A"的小灯泡一个,4—6 V 学生电源(或者电池

组),电流表一个,电压表一个,滑动变阻器一个,电键一个,导线若干。

[实验步骤]

1. 按图 2-9 连接好电路,将滑片 C 调节至最左边。

2. 检查无误后,闭合电键,记录电流表/电压表示数,再调节滑动变阻器的滑片到不同位置,读出 10 组不同的数据。

3. 断开电键,整理好器材。

4. 在坐标纸上以电流 I 为横轴,以电压 U 为纵轴并选取适当的单位;用描点法在坐标纸上标出各组 U、I 值为对应点位置;用平滑曲线将各点依次连接起来。

5. 分析小灯泡伏安特性曲线的变化规律。

2.5 焦耳定律

2.5.1 电功 电功率

生活中,我们经常使用用电器,比如用电炉取暖、电风扇吹风、对蓄电池充电等,其实是电炉使电能转化为内能,电风扇使电能转化为机械能,充电时使电能转化为化学能。功是能量转化的量度,所以电能转为其他形式的能量就是电流做功的过程。

设一段电路两端的电压为 U,通过的电流为 I。根据电流的定义可以求出,在时间 t 内通过这段电路 任一横截面 的电荷量为 $Q=It$(图 2-10)。

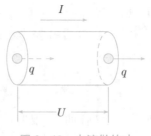

图 2-10 电流做的功

在这个过程中电场力所做的功为

$$W=qU=UIt$$

通常我们又把它称为电流所做的功,简称电功。

单位时间内电流所做的功叫电功率,用 P 表示,则有

$$P=\frac{W}{t}=UI$$

上式表明,一段电路上的电功率 P 等于这段电路两端的电压 U 和电路中电流 I 的乘积。

在国际单位制中,电功的单位为焦耳(J),电功率的单位为瓦特(W)。

2.5.2　电热　热功率

电场力对电荷做功的过程,是电能转化为其他形式能量的过程。当电流通过某些金属导体时,电能完全转化为内能。

如果在一段电路中只含有由金属等材料做成的纯电阻元件,在这段电路中电场力所做的功 W 等于电流通过这段电路时发出的热量 Q,即 $Q=W=UIt$。由欧姆定律 $U=IR$,热量 Q 的表达式可写成

$$Q=I^2Rt$$

电流通过导体产生的热量跟电流的二次方成正比,跟导体的电阻及通电时间成正比,这就是焦耳定律。

电阻元件在单位时间内发出的热量称为热功率,用 P' 表示,则有

$$P'=\frac{W}{t}=I^2R$$

2.5.3　电功与电热的关系

电功与电热的意义是不同的。电功表示电流通过一段电路时在时间 t 内电场力做的总功,而电热则表示在这段时间内,电能转化为内能的部分。在纯电阻电路中,电能全部转化为内能,这时候电功等于电热。当电路中有电动机、电解槽等用电器时,电能要转化成机械能、化学能等,只有一部分转化成内能,这时电功大于电热。

例1　一台电动机,其线圈电阻为 $1\ \Omega$,工作电压是 $220\ V$,工作电流是 $10\ A$。求 $10\ s$ 内,电流对这台电动机做了多少功? 在这段时间内有多少电能转化为机械能?

分析　电动机不是纯电阻电路,电流做功,大部分电能转化为机械能,少部分转化为内能,根据能量守恒定律,电能转化为机械能的部分应该等于电功与电热之差。

解　电流对这台电动机所做的功为:$W=UIt=220\times10\times10\ J=2.2\times10^4\ J$。

在这段时间内产生的电热为:$Q=I^2Rt=10^2\times1\times10\ J=10^3\ J$。

电能转化为机械能的部分:$E=UIt-I^2Rt=2.2\times10^4\ J-10^3\ J=2.1\times10^4\ J$

一定要注意电功和电热的区别,注意公式 $W=UIt$ 与 $Q=I^2Rt$、$P=UI$ 与 $P'=I^2R$ 的区别。

习题 2.5

1. 日常使用的电功单位是 $kW\cdot h$(俗称"度")。$1\ kW\cdot h$ 等于功率为 $1\ kW$ 的用电器在 $1h$ 内所消耗的电功。$1\ kW\cdot h$ 等于多少焦耳?

2. 一台电阻为 2 Ω 的电动机,接在 110 V 电路中工作时,通过电动机的电流强度为 10 A,求这台电动机消耗的电功率,发热功率,转化成机械功率,电动机的效率。

3. 如图 1,设供电电压为 220 V,两条输电线的电阻均为 $r=2$ Ω。电炉的额定电压为 220 V,功率为 1 kW,求导线上损耗的热功率。如果在 A、B 间再并联一个同样的电炉,导线上损耗的热功率又是多少?

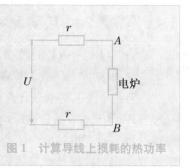

图 1　计算导线上损耗的热功率

2.6　闭合电路欧姆定律

2.6.1　闭合电路欧姆定律

电流形成的条件有两个,一个是要有电源,另一个则是要求电路是闭合的。所以我们研究接入电源的闭合电路的欧姆定律。

闭合电路由两部分组成,一部分是电源外部的电路,叫外电路,包括用电器和导线等。另一部分是电源内部的电路,叫内电路,如发电机的线圈、干电池内的糊状物质等。外电路的电阻通常称为外电阻。内电路也有电阻,通常称为电源的内电阻,简称内阻。

在外电路中,电流从电源的正极流向电源的负极,在外电阻上沿电流方向有电势降落 $U_外$。在内电路中电流从电源的负极流向电源的正极,在内电阻上沿电流方向也有电势降落 $U_内$。

理论分析表明,在闭合电路中,电源内部电势升高的数值等于电路中电势降落的数值,即电源的电动势 E 等于 $U_外$ 与 $U_内$ 之和。

$$E=U_外+U_内$$

设闭合电路中的电流为 I,外电阻为 R,内电阻 r,由欧姆定律可知,$U_外=IR$,$U_内=Ir$,所以

$$E=U_外+U_内=IR+Ir$$

即

$$I=\frac{E}{R+r}$$

上式表明:闭合电路中的电流跟电源的电动势成正比,跟内、外电路的电阻之和成反比。这个结论叫作 **闭合电路的欧姆定律**。

外电路的电势降落,也就是外电路两端的电压 $U_外$,通常叫 **路端电压 U**。由 $E=U_外+U_内$ 和 $U_内=Ir$ 可得:

$$U=E-Ir$$

2.6.2　路端电压与外电阻的关系

电路中,消耗电能的元件常常称为负载,负载变化时,电路中的电流就会发生变化,路端电压也随之改变。

当外电路断开时,R 变为无限大,I 变为零,Ir 也变为零,$U=E$。这就是说,断路时的路端电压等于电源的电动势。我们常根据这个原理测量电源的电动势。当电源两端短路时,外电阻 $R=0$,由 $I=\dfrac{E}{R+r}$ 可知电流 $I=\dfrac{E}{r}$,由 $U=E-Ir$ 可知路端电压 $U=0$。

同一类电源的内阻与它的结构有关,例如,1 号干电池的内阻就比 5 号干电池的内阻小很多。

讨　论

路端电压与外电阻的关系

按图 2-11 所示的电路图连接电路。改变外电路的电阻,观察电路中的电流和路端电压怎样变化。可以看到:当外电阻增大时,电流减小,路端电压增大;当外电阻减小时,电流增大,路端电压减小。

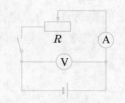

图 2-11　研究路端电压与外电阻的关系

2.6.3　闭合电路中的功率

在 $E=U_外+U_内$ 的两端乘以电流 I 得到

$$EI=U_外 I+U_内 I$$

式中 $P=EI$ 表示电源提供的电功率。$P_外=U_外 I$ 和 $P_内=U_内 I$ 分别表示外电路和内电路上消耗的电功率。上式表示,电源提供的电能只有一部分消耗在外电路上,转化为其他形式的能。另一部分消耗在内电阻上,转化为内能。$\eta=\dfrac{P_外}{P}$ 称为电源的效率,很容易求得 $\eta=1-\dfrac{Ir}{E}$。可见,电动势相同的电源,在工作电流相同的情况下,其内阻越小,效率越高。电源的电动势 E 越大,内阻越小,它能向外电路提供的电功率就越大。

例1 在图 2-12 中所示的电路中，当 $R=5\ \Omega$ 时，伏特表的示数为 2.5 V，当 $R=9\ \Omega$ 时，伏特表的示数为 2.7 V，求电源的电动势和内阻。

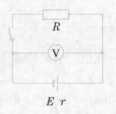

解 由闭合电路欧姆定律可得

$$E=U_1+I_1r$$
$$E=U_2+I_2r$$

图 2-12 测量电源的电动势和内电阻

将已知条件代入，得到 $r=1\ \Omega$，$E=3$ V。

习题 2.6

1. 某电源的电动势为 4 V，内阻为 0.1 Ω，外电路的电阻分别为 10 Ω、1 Ω、0.1 Ω 时，路端电压各为多大？

2. 图 1 中的直线 AB 为某电源的路端电压与通过它的电流之间的函数关系图像，请根据图像求出电源的电动势和内电阻。并回答直线的倾斜程度与什么有关。

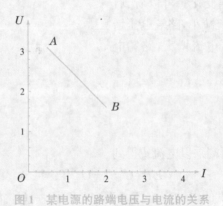

图 1 某电源的路端电压与电流的关系

3. 将 10 个电动势为 1.5 V，内阻为 0.5 Ω 的干电池串联起来组成电池组，为 10 Ω 的电阻供电，测得电流为 1 A，求电池组的内阻。

4. 在如图 2 所示的电路中，$R_1=14.0\ \Omega$，$R_2=9.0\ \Omega$。当开关 S 扳到位置 1 时，电流表的示数 $I_1=0.20$ A；当开关 S 扳到位置 2 时，电流表的示数为 $I_2=0.30$ A，求电源的电动势和内电阻。

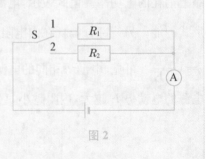

图 2

2.7 测量干电池的电动势和内阻

[实验目的]

用闭合电路欧姆定律测出干电池的电动势和内阻。

[实验原理]

实验电路如图 2-13 所示,改变外电路的阻值 R,测出多组 I、U 的数据,根据闭合电路欧姆定律列出方程组。

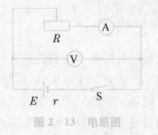

$$E = U_1 + I_1 r$$
$$E = U_2 + I_2 r$$

图 2-13 电路图

(1)求出几组 E、r 值,再分别计算它们的平均值。

(2)用作图法处理实验数据,在坐标上以 I 为横坐标,U 为纵坐标,画出 U-I 图像。

U-I 图像:由 $U = E - Ir$ 知道 U-I 图像是一条直线,由于实验有误差,实测的数据不会都落在同一直线上,画出的一条直线使直线两侧点的数目大致相等,这条直线与纵轴的交点就是所测电池的电动势,直线与横轴的交点为短路电流 $I_{短}$,再由 $r = \dfrac{E}{I_{短}}$ 可求出电源的内阻 r。另外由 $r = \dfrac{E}{I_{短}} = \tan\theta$,则 r 为曲线的斜率,只要在这条直线上寻两个点,计算出 $\dfrac{\Delta U}{\Delta I}$ 则可。

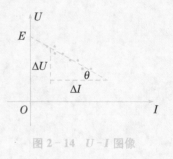

图 2-14 U-I 图像

[实验器材]

电流表一个,电压表一个,待测干电池(或干电池阻),滑动变阻器一个,电键一个,导线若干,坐标纸一张。

[实验步骤]

1. 连接电路。

2. 闭合电键 S,调整滑动变阻器 R,记录多组电流表和电压表的读数。

3. 断开电键 S,根据记录的电流、电压数据,根据闭合电路欧姆定律求出干电池的各组 E 和 r 及电动势与内阻的平均值 $\bar{E}$、$\bar{r}$。

4. 根据记录的数据,在坐标纸上用作图法,并根据图像计算干电池的电动势和内阻。

第3章 磁　场

本章导读 ▶

　　候鸟和海龟等动物能够在长时间的长途迁徙中不迷失方向,因为它们能够感知地球的磁场。在现代生活中,磁现象已经广泛深入生活的各个细节,磁卡、手机、导航……

　　磁场是物质世界的重要组成部分,本章我们就来研究磁场、磁场对电流和运动电荷的作用以及它们在科学技术中的应用。了解磁场,掌握磁场的判断方法,掌握简单电磁场理论,能够联系实际,解决一些生活中的问题。

3.1 磁现象和磁场

3.1.1 磁现象

我国早在春秋战国时期就有关于磁石的记载,我国古代的四大发明中的指南针就是利用磁现象。天然磁石能够吸引铁质物体的性质叫磁性。磁体的各部分磁性强弱不同,磁性最强的区域叫磁极。小磁针静止时指南的磁极叫作南极,又称为 S 极;指北的磁极叫作北极,又称为 N 极。

3.1.2 磁场

虽然人们很早就认识了磁现象和电现象,但直到 1820 年,丹麦物理学家奥斯特(1777—1851)观察到了电流对磁针有力的作用,才发现了电流的磁效应,此后,人们逐步认识到电与磁的紧密联系,电磁场理论也迅速地发展起来,并在科学实验和生产技术中得到了广泛的应用。

磁体与磁体之间、磁体与通电导体之间以及通电导体与通电导体之间的相互作用,是通过磁场发生的。同名磁极互相排斥,异名磁极互相吸引。

3.1.3 地球的磁场

磁针能够指南北,指南针的广泛使用,就是地球的磁场的应用。

地磁北极位于地理南极附近,地磁南极位于地理北极附近,地球的地理两极与地磁两极并不重合,存在磁偏角。

地球上某些地区的岩石和矿物具有磁性,埋藏这些矿物的区域的地磁场会发生剧变,利用这种地磁异常可探测矿藏,寻找铁、镍、铬等地下资源。

在发生强烈地震之前,地磁场往往也会发生改变,造成地磁局部异常的"震磁效应"。这是由于地壳中的岩石,许多是具有磁性的,当这些岩石受力变形时,它们的磁性也要跟着变化,从而可以进行"震前预报"。

所以,研究地磁场对通信、航天、探矿,以及地震预测都有重要意义。

阅读材料

中国是世界上最早发现磁现象的国家,而早在战国末年就有磁铁的记载,中国古代的四大发明之一的司南(指南针)就是其中之一,指南针的发明为世界的航海业做出了巨大的贡献。

北宋的沈括在他的笔记体巨著《梦溪笔谈》中写道:"方家以磁石磨针锋,则能指南,然常微偏东,不全南也。"这证明了磁偏角的存在。

最初发现的磁体是被称为"天然磁石"的矿物,其中含有主要成分为 Fe_3O_4,能吸引其他物体,很像磁铁。

磁现象与人类的日常生活、科技密切相关。

电磁炉采用磁场感应电流(又称为涡流)的加热原理,通过电子线路板组成部分产生交变磁场、当含铁质锅具底部放置炉面时,锅具即切割交变磁力线而在锅具底部金属部分产生交变的电流(即涡流),涡流使锅具铁分子高速无规则运动,分子互相碰撞、摩擦而产生热能使器具本身自行高速发热,用来加热和烹饪食物。

磁悬浮列车上装有电磁体,铁路底部则安装线圈。通电后,地面线圈产生的磁场极性与列车上的电磁体极性总保持相同,两者"同性相斥",排斥力使列车悬浮起来。铁轨两侧也装有线圈,交流电使线圈变为电磁体。它与列车上的电磁体相互作用,使列车前进。列车头的电磁体(N 极)被轨道上靠前一点的电磁体(S 极)所吸引,同时被轨道上稍后一点的电磁体(N 极)所排斥。

3.2 磁感应强度

3.2.1 磁感应强度

我们在学习电场的时候,用电场强度来描述电场的大小和方向,用电场线来形象表示电场强度。在物理学中用磁感应强度来描述磁场的强弱。磁感应强度用 B 表示,单位是特斯拉,简称特,符号是 T。

我们把一个可以自由转动的小磁针作为检验用的磁体放入磁场中的某一点,分析它在该点的受力情况,来描述磁场。

3.2.2 磁感应强度的方向

将小磁针放在磁场中,磁针有两个磁极,放入磁场中受力后,会转动,当静止时,磁针的指向就确定了。如图 3-1,把一个可以自由转动的小磁针放入磁场中的某一点,小磁针静止时 N 极所指的方向,规定为该点的磁场方向。

图-1 小磁针表示磁场方向

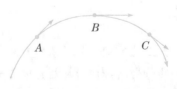

图 3-2 磁感线

3.2.3 磁感线

正如电场线可以形象地描述电场一样,我们用磁感线来描述磁场。在磁场中画一些有方向的曲线,使曲线上每一点切线方向都跟该点的磁场方向相同(图 3 - 2)。

演示实验

模拟磁感线

在大玻璃板下面放一小条形磁铁或蹄形磁铁,把铁屑均匀地撒在玻璃板上,那么每一粒铁屑在磁场中都被磁化为小磁针。轻敲玻璃板,铁屑就在磁力作用下排列起来,显示出磁感线的形状(图 3 - 3)。

铁屑在条形磁铁周围的排列　　　铁屑在蹄形磁铁周围的排列

图 3 - 3 模拟磁感线

根据演示实验及磁感线和磁场方向的定义,图 3 - 4 所示为条形和 U 形磁铁磁感线的分布情况。磁体外部磁感线都是从 N 极出来,进入 S 极的。

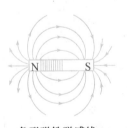

条形磁铁磁感线

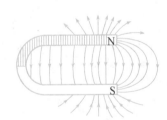

U形磁铁磁感线

图 3 - 4 磁铁磁感线的分布

根据磁场性质,磁场中的某点磁场方向是唯一的,磁场中任意一点只能有一条磁感线通过,任意两条磁感线在空间都不能相交。

磁感线无起点和终点,是闭合曲线;对于永磁体来说,在磁体外部,磁感线是从 N 极发出,进入 S 极,在磁体内部,由 S 极回到 N 极,磁感线通过永磁体内部和外部构成闭合曲线。

3.2.4 磁感应强度的大小

依据大量的实验和经验,在导线和磁场垂直的最简单情况下,有

$$B = \frac{F}{IL}$$

比值 B 并不随电流 I 和导线长度 L 的改变(在保证 L 很短的前提下)而改变,总是一个恒量。但是在磁场不同位置,或在不同的磁场中,比值 B 一般是不同的,由此可见,B 是由磁场本身决定的。同一通电导线(电流 I、导线长度 L 相同),在磁场中某处,所受的最大安培力 F 越大,比值 B 就越大,表示该处磁场越强。因而我们可以用比值 B 来表示磁场的强弱,叫磁感应强度。在国际单位制中,磁感应强度的单位是特斯拉,简称特,国际符号是 T。

在通有 1 A 电流的长直导线周围 1 m 远处的磁感应强度只有 2×10^{-7} T。地面附近地磁场的磁感应强度是 $3 \times 10^{-5} T - 7 \times 10^{-5}$ T,永磁铁的磁极附近的磁感应强度是 10^{-3} T—1 T。在电机和变压器的铁芯中,磁感应强度可达 0.8 T—1.4 T。大型电磁铁的磁感应强度可达 10 T 以上,通过超导材料的强电流的磁感应强度可达 1 000 T。

为形象描述磁场的大小,在磁场中也可以用磁感线的疏密程度大致表示磁感应强度的大小。在同一个磁场的磁感线分布图上,磁感线越密的地方,表示那里的磁感应强度越大。这样,磁感线的分布就可以形象地表示出磁场的强弱和方向。

阅读材料 ━━━━━━━━━━━━━━━━━━━━━━━━━━━━

磁场是一种看不见、摸不着的特殊物质,磁场不是由原子或分子组成的,但磁场是客观存在的。磁体周围存在磁场,磁体的相互作用就是以磁场作为媒介的,所以两磁体不用接触就能发生作用。由于磁体的磁性来源于电流,电流是电荷的运动,因而概括地说,磁场是由运动电荷或电场的变化而产生的。用现代物理的观点来考察,物质中能够形成电荷的终极成分只有电子(带单位负电荷)和质子(带单位正电荷),因此负电荷就是带有过剩电子的点物体,正电荷就是带有过剩质子的点物体。运动电荷产生磁场的真正场源是运动电子或运动质子所产生的磁场。例如电流所产生的磁场就是在导线中运动的电子所产生的磁场。

最早出现的几幅磁场绘图之一是勒内·笛卡尔于 1644 年绘成。虽然很早以前,人类就已知道磁石和其神奇的磁性,但最早出现的几个学术性论述之一,是由法国学者皮埃·德马立克于公元 1269 年写成。德马立克仔细标明了铁针在块型磁石附近各个位置的定向,从这些记号又描绘出很多条磁场线。几乎三个世纪后,威廉·吉尔伯特主张地球本身就是一个大磁石,其两个磁极分别位于南极与北极。吉尔伯特出版于 1600 年的巨著《论磁石》开创磁学为一门正统科学学术领域。

3.3 几种常见磁场

3.3.1 长直导线周围的磁场

长直导线周围的磁场可以用右手定则(也叫右手螺旋定则)来判断:用右手握住导线,让伸直的大拇指所指的方向跟电流方向一致,那么弯曲的四指所指的方向就是磁感线的环绕方向。利用图3-5甲实验装置,把铁屑撒在玻璃板上,那么每一粒铁屑在磁场中都被磁化为小磁针。轻敲玻璃板,铁屑就在磁力作用下有规则地排列起来,显示出磁感线的形状。

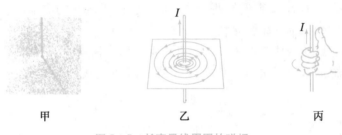

甲　　　　　　　　　　乙　　　　　　　　　　丙

图3-5　长直导线周围的磁场

3.3.2 环形电流的磁场

环形电流的磁场也可以用安培定则来判定:让右手弯曲的四指指向电流的方向,与四指垂直的大拇指指的方向,就是环形电流的中心轴线上磁感线的方向(图3-6丙)。

甲　　　　　　　　　　乙　　　　　　　　　　丙

图3-6　环形电流的磁场

3.3.3 通电螺线管的磁场

通电螺线管磁场的极性与电流方向的关系,也可用安培定则来判定:用右手握住螺线管,让弯曲的四指指向电流的方向,与四指垂直的大拇指指的方向就是通电螺线管的北极(图3-7)。

由多个连续的环形导线组成的螺线管,通电时产生的磁场如图3-7所示:通电长直螺线管的内部,磁感线是均匀分布、互相平行的直线;在它的外部,磁感线由螺线管的一端出来,进入另一端,形成闭合曲线。通电螺线管的磁性与条形磁铁很像。

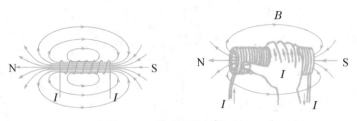

图 3 - 7　通电螺线管的磁场

3.3.4　匀强磁场

磁场在各点的磁感应强度大小相等、方向相同,这样的磁场称为匀强磁场。如图 3 - 8,距离很近的两个平行的异性磁极之间的磁场,除边缘部分外,可以认为是匀强磁场。

同样的,通电螺旋管内部的磁场认为是匀强磁场。相隔适当距离的两个平行放置的线圈通电时,其中间区域的磁场也认为是匀强磁场。

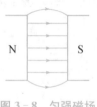

图 3 - 8　匀强磁场

习题　3.3

1. 如图 1 所示,当导线 ab 中有电流通过时,磁针的 S 极转向读者,画出导线 ab 中电流的方向。

2. 试确定图 2 中电源的正、负极。

图 1

图 2

3. 在图 3 线圈中心处挂上一个小磁针,且与线圈在同一平面中,当电流以如图方向通过线圈时,磁针的 N 极将向哪个方向偏转。

4. 当电流方向如图 4 所示方向时,分别画出每只磁针的 N 极和 S 极。

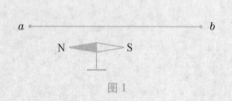

图 3

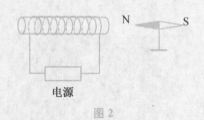

图 4

3.4 通电导线在磁场中的受力

3.4.1 安培力

为了纪念法国物理学家安培(1775—1836)在研究磁场对电流的作用力方面做出的杰出贡献,我们把磁场对电流的作用力叫安培力。

实验表明,把一小段通电直导线放在磁场中,当导线方向与磁场方向垂直时,电流所受的安培力最大;当导线方向与磁场方向平行时,电流所受的安培力等于零;当导线方向与磁场方向成一定夹角时,所受安培力介于最大值和零之间(图 3-9)。

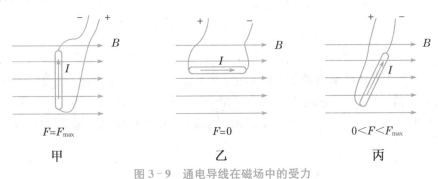

图 3-9 通电导线在磁场中的受力

当磁感应强度 B 的方向与导线方向有夹角 θ 时,它可以分解为与导线垂直的分量 $B_\perp = B\sin\theta$ 和 $B_\parallel = B\cos\theta$,其中 $B_\parallel$ 不产生安培力。所以安培力的一般表达式为

$$F = ILB\sin\theta$$

改变导线中电流方向或改变磁场方向,导线运动方向也随之改变,这说明安培力的方向跟电流方向、磁场方向有关。

通电直导线所受安培力的方向与磁感应强度方向、导线决定的平面垂直,可以用左手定则(图 3-10)来判定:伸开左手,使大拇指跟其余四个手指垂直,并且都跟手掌在一个平面内,把手放入磁场中,让磁感线垂直穿入手心,四指指向电流的方向,则大拇指所指的方向就是通电导线在磁场中所受安培力的方向。

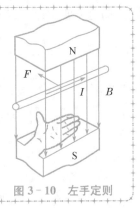

图 3-10 左手定则

3.4.2 直流电动机原理

直流电动机模型如图 3-11 所示。它的中央是一个矩形线圈,线圈的两端焊在彼此

绝缘、与轴也绝缘的两个铜半环(换向器)上,换向器与底座上两个电刷弹性接触,与电源相连,矩形线圈外是一对磁极,给矩形线圈通电,线圈便在两个磁极间自由转动。

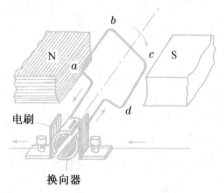

图 3 - 11　直流电动机模型

> 直流电动机的转动部分叫电枢,也叫转子,是由电枢绕组(线圈)、换向器和转轴组成的。它的固定部分叫定子,主要部分是磁极。为了把电流引入电枢,在底座上装两个电刷,分别跟换向器的适当位置保持弹性接触。

3.4.3　磁电式电表原理

实验室里常用的电流表和电压表的结构如图 3 - 12 甲所示,在磁场很强的马蹄形永久磁铁的两极间有一个固定的圆柱形铁芯,铁芯外套一个可以绕轴转动的铝形框架,铝框上绕有线圈。这种电表叫磁电式电表。它也是利用安培力使通电线圈转动的原理制成的。拆开一个磁电式电表,会看到它的线圈是用很细的绝缘导线绕在矩形的铝框上制成的。铝框的转轴上装有前后两个螺旋弹簧游丝和一个指针。线圈的两端分别跟前后游丝相接,被测电流就是经过这两个游丝引入线圈的。

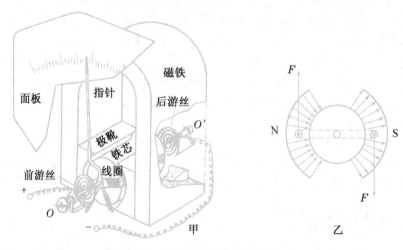

图 3 - 12　磁电式电表结构图

磁电式电表的优点是刻度均匀,灵敏度较高,能测出微安级的电流,缺点是价格较贵,并且不允许通过较大的电流,否则会把线圈烧毁。这种电表再接分流电阻或分压电阻,就可改装成常用的安培表、伏特表和多用电表,应用非常广泛。

习题 3.4

1. 把长 5 cm 的直导线放入一匀强磁场中,导线和磁场方向垂直,导线内的电流是 2.0 A,导线在磁场中受到的磁场力为 3×10^{-4} N。求磁感应强度。将导线从磁场中取走后,这一磁场的磁感应强度是多大?

2. 在图 1 中,均标出了磁场 B 的方向、通电直导线中电流 I 的方向以及通电直导线所受磁场力 F 的方向,其中正确的是 （　　）

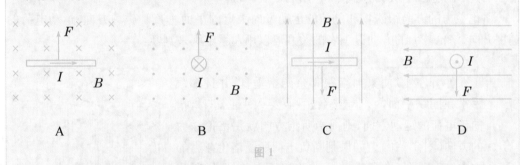

图1

3. 图 2 表示一根放在磁场里的通电直导线,用 ⊙ 表示电流垂直于纸面向外,⊗ 表示电流垂直于纸面向里。图中已标出电流 I、磁感应强度 B 和安培力 F 这三个量中两个量的方向,试画出第三个量的方向。

图2

4. 在一固定的通电长直导线正下方有一矩形线框,线框与直导线在同一平面内,线框可以自由运动,如图 3 所示。当线框内通有逆时针方向的电流后,关于线框的运动情况,下面说法中正确的是 （　　）

A. 线框将远离通电直导线但不转动

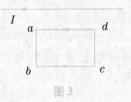

图3

B. 线框将靠近通电直导线但不转动

C. *ab* 边向纸面外转动但不靠近直导线

D. *ab* 边向纸面内转动但不靠近直导线

3.5 带电粒子在磁场中的受力

3.5.1 洛伦兹力

宇宙深处射出来的带电粒子为什么只会在地球的两极形成极光？磁场对运动电荷的作用力通常叫洛伦兹力，是为了纪念荷兰物理学家洛伦兹(1853—1928)而命名的。

磁场对电流有力的作用，电荷的定向移动形成了电流。磁场力是直接作用在运动电荷上的，安培力是磁场对带电粒子作用的宏观体现。

洛伦兹力的方向跟磁场和电荷的运动方向决定的平面垂直。磁场方向、运动电荷的速度方向、洛伦兹力的方向这三者的关系可以用左手定则来判断：

伸开左手，使大拇指跟其余四指垂直，并且都跟手掌在同一平面内，让磁感线垂直穿入手心，四指指向正电荷的运动方向，则拇指所指方向就是洛伦兹力的方向(图 3 - 13)。如果判断负电荷所受洛伦兹力的方向，四指可指向负电荷运动的相反方向，拇指所指的就是它所受洛伦兹力的方向。

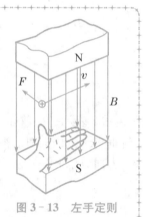

图 3 - 13　左手定则

当电荷的运动方向跟磁场方向垂直时，它受到的洛伦兹力最大；当电荷的运动方向跟磁场平行时，它受到的洛伦兹力为零；当电荷的运动方向跟磁场方向成某一角度时，它受到的洛伦兹力介于上述二者。洛伦兹力由磁感应强度、电荷的带电量、垂直磁场方向的速度三者共同决定：

$$F = qvB$$

洛伦兹力始终与电荷的运动方向垂直，所以只改变电荷的速度方向，不改变速度大小。在洛伦兹力的作用下，带电粒子的动能不变，根据动能定理，洛伦兹力对运动电荷不做功。

3.5.2　地磁场与人类的生存条件

运动电荷在磁场中受到洛伦兹力的作用,并改变运动方向。地球磁场为人类乃至地球上的一切生命提供了天然保护伞,地磁场阻挡了绝大部分的来自太阳或其他星体的带电高能粒子流——宇宙射线。地磁场同空气、水和阳光一样,是人类赖以生存不可缺少的要素之一。

习题　3.5

1. 带电粒子以速度 v 垂直射入匀强磁场(图1)。指出带电粒子进入磁场时所受洛伦兹力的方向(图中"×"表示磁场的磁感线指向纸里,"·"表示磁场的磁感线指向纸外)。

图1

2. 带电粒子以速度 v 垂直进入匀强磁场时,受到的洛伦兹力的方向是向上的,如图2所示,试在图中标出带电粒子所带电荷的正负。

图2

3. 有人说,一个带电粒子以速度 v 进入某空间中,没有发生偏转,则这个空间一定没有磁场。这个结论对吗? 为什么?

4. 一个电子以 2×10^7 m/s 的速率垂直射入一个匀强磁场中,受到的洛伦兹力为 3.2×10^{-13} N,求该磁场的磁感应强度。

3.6　带电粒子在磁场中的运动

3.6.1　带电粒子在匀强磁场中的运动

带电粒子垂直射入匀强磁场中,在洛伦兹力 $F=qvB$ 的作用下,会偏离原来的运动方向。我们可以用洛伦兹力演示仪观察粒子的运动轨迹。

垂直射入匀强磁场的带电粒子,粒子运动到任何位置,洛伦兹力的方向总跟粒子运动的方向垂直。洛伦兹力对带电粒子不做功,只改变粒子运动的方向,而不改变粒子的速率,所以粒子运动的速率 v 是恒定的。

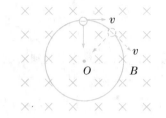

图 3-14 带电粒子在磁场中的运动

沿着与磁场方向射入磁场的带电粒子,在匀强磁场中做匀速圆周运动(图 3-14)。

设一带电粒子的质量为 m,电荷量为 q,速率为 v,它在磁感应为 B 的匀强磁场中做匀速圆周运动,其轨道半径我们可以计算得出。

粒子做匀速圆周运动所需的向心力 $F=m\dfrac{v^2}{r}$,是由粒子所受的洛伦兹力 $F=qvB$ 提供的,可以得到

$$r=\frac{mv}{Bq}$$

对一定的带电粒子和给定的磁场来说,m、q 和 B 均为恒量,上式表明,带电粒子在匀强磁场中做匀速圆周运动的轨道半径跟粒子的运动速率成正比。运动速率越大,轨道的半径也越大。

根据匀速圆周运动的周期公式 $T=\dfrac{2\pi r}{v}$,我们还可以求出带电粒子做匀速圆周运动的周期

$$T=\frac{2\pi m}{Bq}$$

例 1 一个质量为 m,电荷量为 q 的粒子,从一容器 Q 下方的小孔 S_1 飘入电势差为 U 的加速电场,初速度为 0。然后经过 S_2 垂直进入磁感应强度为 B 的匀强磁场中,最后打到照相底片 D 上(图 3-15)。

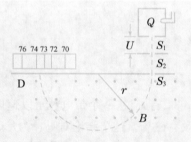

图 3-15 质谱仪原理图

求:(1)粒子进入磁场时的速率;

(2)粒子在磁场中运动的轨道半径。

解 (1)粒子进入磁场的速率 v 是它在电场中被加速而获得的,

根据动能定理得到

$$\frac{1}{2}mv^2=qU$$

粒子进入磁场时的速率为 $v=\sqrt{\dfrac{2qU}{m}}$

(2)粒子在电场中做匀速圆周运动的轨道半径是

$$r=\frac{mv}{qB}=\sqrt{\frac{2mU}{qB^2}}$$

3.6.2 质谱仪

在图 3-15 中,如果容器 Q 中粒子含有的电荷量相同而质量有微小差别,这些粒子会沿半径不同的圆周做匀速圆周运动,打到照相底片上的不同位置,这种能完成粒子质量测定的仪器叫质谱仪。

质谱方法最早于 1913 年由汤姆生(1856—1940)确定,第一台质谱仪由他的学生阿斯顿(1877—1945)于 1919 年研制成功,并测出氖 20 和氖 22。

3.6.3 回旋加速器

在现代物理学中,为了进一步研究物质的微观结构,需要用能量很高的带电粒子去轰击各种原子核,观察它们的变化情况。

> 由于库仑力可以对带电粒子做功,从而增加粒子的能量,加速电压越高,粒子获得的能量就越高。但是过高的电压实现是有困难的,于是,有了多次加速的方法。粒子在加速过程中的轨迹为直线,所以加速装置要很长,如果带电粒子在第一次加速后又转回来被第二次加速,如此往复"转圈"被加速就会大大缩小加速装置的空间。

1930 年美国物理学家劳伦斯提出:利用磁场使带电粒子做回旋运动,在运动中经高频电场反复加速的装置的工作原理。1932 年首次研制成功这种装置,称回旋加速器。

它的主要结构如图 3-16 所示,在真空室内有两个半圆形的中空金属扁盒(D 形盒),处于与 D 形盒面垂直的匀强磁场 B,D 形盒两个半圆之间有电势差 U。

粒子在磁场中做匀速圆周运动,经过半个圆周后,到达两盒间的间隙时,控制两盒的电势差使其刚好改变正负,则粒子绕行半圈后正赶上 D 形盒上极性变号,粒子再一次加速。由于上述粒子绕行半圈的时间与粒子的速度无关,因此粒子每绕行半圈受到一次加速,绕行半径增大。经过很多次加速,粒子沿螺旋形轨道从 D 形盒边缘引出,带电粒子在回旋加送器中运动的轨迹如图 3-17 中螺旋线所示。

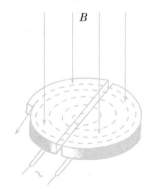

图 3-16 回旋加速器结构图

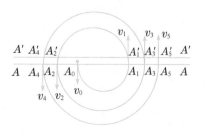

图 3-17 回旋加速器原理图

习题 **3.6**

1. 电子以相同的速度进入不同的磁场，一次形成的圆形轨迹的半径大，另一次形成的圆形轨迹的半径小，运动的半径与哪些因素有关？

2. 电子以 3×10^7 m/s 的速度，沿着与磁场垂直的方向进入匀强磁场，形成的圆形轨迹的半径是 5 cm，磁场的磁感应强度是多大？

3. 一束射线中有三种粒子，一种带正电，一种带负电，一种不带电。垂直射入匀强磁场后会发生什么现象？试在图 1 中画出它们运动的大致轨迹。

4. α 粒子(即氦原子核，带两个正基本电荷，质量为 6.645×10^{-27} kg)以 3×10^7 m/s 的速率垂直进入磁感应强度为 10 T 的匀强磁场中，求 α 粒子做匀速圆周运动的轨道半径和周期。

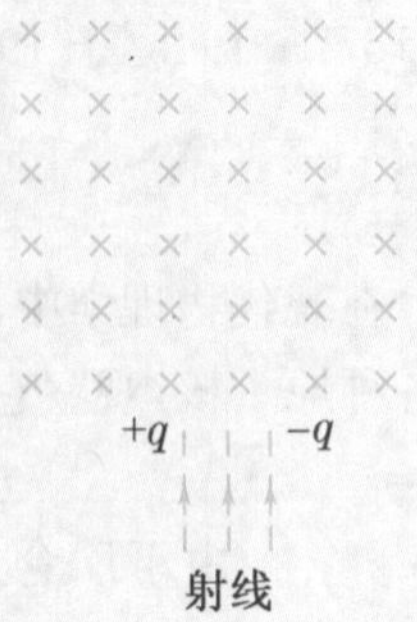

图 1

第4章　电磁感应

本章导读 ▶

　　电已经成为现代社会生活中不可或缺的一部分,但是电厂里巨大的发电机是怎么发出电的? 电网中的电压为什么有的高有的低?

　　英国物理学家法拉第(1791—1867)经过近 10 年坚持不懈的研究,终于在 1831 年发现了利用磁场产生电流的条件和规律。由磁场产生电流的现象我们称为电磁感应现象,电磁感应现象中产生的电流称为感应电流。

　　这一章我们主要研究电磁感应现象及其规律,并在此基础上介绍自感现象。

4.1　揭示电磁感应

4.1.1　奥斯特与"电生磁"

电磁感应的发现,进一步揭示了电和磁的内在联系,为发电机的制造,人类大规模地利用电能打下了基础,拉开了电气化时代的序幕。电磁感应现象的发现是与电流的磁效应的发现密切相连的。

在19世纪20年代之前的漫长岁月里,电和磁的研究始终独立发展。到了18世纪末,奥斯特坚信电和磁之间可能存在着某种联系,然而一直没有实验验证。在1820年4月的一次演讲中,奥斯特碰巧在南北方向的导线下放置一枚小磁针,当电源接通时,小磁针居然转动了。随后奥斯特做了大量实验,证明电流的确能够使磁针偏转,这称为电流的磁效应。

电流的磁效应证明了载流导体对磁针的作用力,揭示了电现象与磁现象之间存在着某种联系。

4.1.2　法拉第与"磁生电"

电流的磁效应的发现震动了整个科学界,引发了科学家的思考:既然电流能够引起磁针的运动,那能不能用磁铁使导线中产生电流?

法拉第经过无数次的实验,终于在1831年发现了电磁感应现象:把2个线圈绕在同一个铁环上,一个线圈接到电源上,一个线圈接入电流表。在给线圈通电或者断电的瞬间,另一个线圈也出现了电流,寻找10年的"磁生电"效应终于被发现了。

> 法拉第领悟到,"磁生电"是一种在变化、运动的过程中才能出现的效应。经过大量的实验,法拉第把引起电流的原因概括为五类:变化的电流、变化的磁场、运动的恒定电流、运动的磁铁、在磁场中运动的导体。法拉第将这些现象定名为电磁感应,产生的电流叫感应电流。

电磁感应现象的发现使人们对电与磁内在联系的认识更加完善,表明电磁学的诞生,具有划时代的意义。

4.2　电磁感应现象产生的条件

4.2.1　电磁感应现象

演示实验

观察电磁感应现象

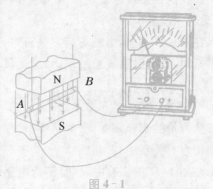

图 4-1

　　一根直导线水平地悬挂在磁场中,导线的两端 *A*、*B* 分别接在电流计的两个接线柱上,连接成一个闭合回路(图 4-1)。当直导线在磁场中做切割磁感线运动时,电流计指针发生偏转,表明此回路中有电流。当直导线停止运动时,电流计指针不偏转。

　　在这个实验中,虽然磁场的磁感应强度 *B* 没有变化,但是直导线切割磁感线运动时,闭合电路 *ABCD* 在磁场中所包围的面积 *S* 发生了变化(图 4-2)。

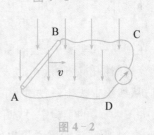

图 4-2

　　如图 4-3 连接电路,让线圈不动,拿磁棒向线圈中插入,再从线圈中拔出。如图 4-4 连接电路,将线圈 *A* 插入线圈 *B* 中,使它们不动,让开关闭合、然后再断开线圈 *A* 中的电路,也可以调节滑动变阻器改变线圈 *A* 中的电流。

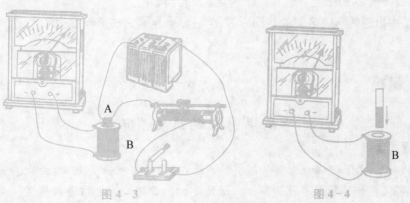

图 4-3　　　　　　　　　　　图 4-4

　　在上述两个实验中,电流计的指针也发生了偏转,表明线圈中都产生了感应电流。实验中,线圈所包围的面积并没有发生改变,但线圈中的磁感应强度发生了变化。

4.2.2　磁通量

研究电磁现象时,常常需要讨论穿过某一面积的磁场以及它的变化,为此引入一个新的物理量——磁通量。在磁感应强度为 B 的匀强磁场中,有一个与磁场方向垂直的面积为 S 平面,磁感应强度 B 跟面积 S 的乘积叫穿过这个面积的磁通量,简称磁通。用 Φ 表示磁通量:

$$\Phi = BS$$

在国际单位制中,磁通量的单位是韦伯,简称韦,符号是 Wb,$1\ \text{Wb} = 1\ \text{T} \cdot 1\ \text{m}^2$。

磁通量可以用磁感线来形象地说明,在同一磁场的图示中,磁感线越密处,就是穿过单位面积的磁感线越多处,此处磁感应强度 B 越大,穿过这个平面的磁感线的条数就越多,磁通量就越大。

在某一平面上,当磁场与它垂直时,穿过它的磁感线条线多,磁通量就大。当磁场与它平行时,没有磁感线通过平面,磁通量为零。

4.2.3　产生感应电流的条件

从大量的实验来看,产生感应电流的条件与磁场的变化有关,与闭合导体回路包围的面积也有关系。

在图 4-1 的实验中,尽管闭合电路中的磁感应强度没有改变,但直导线做切割磁感线运动时,闭合电路 $ABCD$ 在磁场中所包围的面积 S 发生了变化,因此,磁通量 Φ 发生了变化。

在图 4-3 实验中,线圈所包围的面积没有改变,但线圈中的磁感应强度发生了变化,因此穿过线圈的磁通量 Φ 也发生了变化。往线圈中插入磁铁的瞬间,穿过线圈的磁通量增加;从线圈中拔出磁铁的瞬间,穿过线圈的磁通量减少。

如图 4-4 的实验中,线圈 A 的电路接通或断开的瞬间,或用变阻器改变其中电流的瞬间,穿过线圈 B 的磁通量也发生了变化。

电路中出现的感应电流的共同原因:穿过闭合电路的磁通量发生了变化。

阅读材料 ▶▶▶▶▶▶▶▶▶▶▶▶▶▶▶▶▶▶▶▶▶▶▶▶▶▶▶▶▶▶▶▶▶▶

电磁感应的科技应用

动圈式话筒

在剧场里,为了使观众能听清演员的声音,常常需要把声音放大,放大声音的装置主要包括话筒、扩音器和扬声器三部分。话筒是把声音转变为电信号的装置。动圈式话筒是利用电磁感应现象制成的,当声波使金属膜片振动时,连接在膜片上的线圈(叫音圈)随着一起振动,音圈在永久磁铁的磁场里振动,其中就产生感应电流(电信号),感应电流的大小和方向都变化,变化的振幅和频率由声波决定,这个信号电流经扩音器放大后传给扬声器,从扬声器中就发出放大的声音。

磁带录音机

磁带录音机主要由机内话筒、磁带、录放磁头、放大电路、扬声器、传动机构等部分组成。录音时,声音使话筒中产生随声音而变化的感应电流——音频电流,音频电流经放大电路放大后,进入录音磁头的线圈中,在磁头的缝隙处产生随音频电流变化的磁场。磁带紧贴着磁头缝隙移动,磁带上的磁粉层被磁化,在磁带上就记录下声音的磁信号。

放音是录音的逆过程,放音时,磁带紧贴着放音磁头的缝隙通过,磁带上变化的磁场使放音磁头线圈中产生感应电流,感应电流的变化跟记录下的磁信号相同,所以线圈中产生的是音频电流,这个电流经放大电路放大后,送到扬声器,扬声器把音频电流还原成声音。

在录音机里,录、放两种功能是合用一个磁头完成的,录音时磁头与话筒相连;放音时磁头与扬声器相连。

汽车车速表

汽车驾驶室内的车速表是指示汽车行驶速度的仪表。它是利用电磁感应原理,使表盘上指针的摆角与汽车的行驶速度成正比。车速表主要由驱动轴、磁铁、速度盘、弹簧游丝、指针轴、指针组成。其中永久磁铁与驱动轴相连。在表壳上装有刻度为公里/小时的表盘。

永久磁铁转动的速度和汽车行驶速度成正比。当汽车行驶速度增大时,在速度盘中感应的电流及相应的带动速度盘转动的力矩将按比例地增加,使指针转过更大的角度,因此车速不同指针指出的车速值也相应不同。当汽车停止行驶时,磁铁停转,弹簧游丝使指针轴复位,从而使指针指在"0"处。

熔炼金属

交流的磁场在金属内感应的涡流能产生热效应,这种加热方法比用燃料加热有很多优点:加热效率高,达到 50%—90%;加热速度快;用不同频率的交流可得到不同的加热深度,这是因为涡流在金属内不是均匀分布的,越靠近金属表面层电流越强,频率越高这种现象显著,称为"趋肤效应"。冶炼锅内装入被冶炼的金属,让高频交变电流通过线圈,被冶炼的金属中就产生很强的涡流,从而产生大量的热使金属熔化。这种冶炼方法速度快,温度容易控制,能避免有害杂质混入被冶炼的金属中,适于冶炼特种合金和特种钢。感应加热法也广泛用于钢件的热处理,如淬火、回火、表面渗碳等,例如齿轮、轴等只需要将表面淬火提高硬度、增加耐磨性,可以把它放入通有高频交流的空心线圈中,表面层在几秒钟内就可上升到淬火需要的高温,颜色通红,而其内部温度升高很少,然后用水或其他淬火剂迅速冷却就可以了。

习题 4.2

1. 关于磁通量的概念,以下说法正确的是　　　　　　　　　　　　　　　（　　）

　A. 磁感应强度越大,穿过闭合回路的磁通量也越大

　B. 磁感应强度越大,线圈面积越大,穿过闭合回路的磁通量也越大

  C. 穿过线圈的磁通量为零时,磁感应强度不一定为零

  D. 磁通量发生变化时,磁感应强度也一定发生变化

  2. 小线圈在匀强磁场中上下平动时(图1甲),线圈中能否产生感应电流? 小线圈在匀强磁场中沿水平方向左右平动时(图1乙),线圈中能否产生感应电流? 小线圈从磁场中移出时,能否产生感应电流?

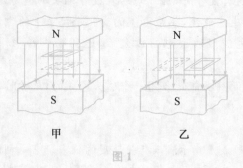

图1

  3. 在匀强磁场中有一个矩形导线框,长1 m,宽0.5 m,线框平面垂直于磁场方向,磁感应强度为0.04 T,通过线框的磁通量是多少? 如果线框平面转到跟磁场平行的方向,通过线框的磁通量又是多少? 在这个过程中,磁通量的变化量是多少?

4.3 楞次定律

4.3.1 楞次定律

  在有关电磁感应的实验中,不同情况下产生的感应电流的方向是不一样的,电流表的指针有时向右偏转,有时向左偏转。那么,感应电流的方向和哪些因素有关? 如何确定感应电流的方向呢? 我们通过下面的实验来研究这个问题。

演示实验

研究决定电流方向的因素

  利用图4-4的装置来研究这个问题。

  (1) 如图4-5甲所示,当把磁铁的N极插入线圈时,穿过线圈的磁通量增加,根据电流表指针的偏转方向,就可以知道感应电流的方向,再根据安培定则就可以知道感应电流产生的磁场方向(用虚线表示);

  (2) 如图4-5乙所示,当把磁铁的N极拔出线圈时,穿过线圈的磁通量减少,由电流表指针的偏转方向,可知感应电流的方向,再由安培定则就可以确定感应电流产生的磁场方向(用虚线表示);

（3）用 S 极重复以上步骤，如图 4-5 丙、图 4-5 丁。

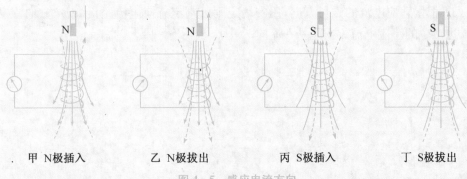

甲 N 极插入　　　　乙 N 极拔出　　　　丙 S 极插入　　　　丁 S 极拔出

图 4-5　感应电流方向

将实验结果记录对比：当磁铁 N 极插入线圈时，原磁场方向向下，穿过线圈的磁通量增加，线圈中产生的感应电流的磁场方向跟原磁场方向相反，阻碍磁通量的增加（图 4-5 甲）。

表 4-1　线圈磁通量变化情况

	磁极运动方向	原磁场方向	磁通量变化	感应磁场方向	感应电流方向
图甲	向下	向下	增大	向上	逆时针
图乙	向上	向下	减小	向下	顺时针
图丙	向下	向上	增大	向下	顺时针
图丁	向上	向上	减小	向上	逆时针

1834 年，俄国物理学家楞次（1804—1865）总结了各种实验结果，将实验现象总结为：感应电流的磁场总要阻碍引起感应电流的磁通量的变化。这就是楞次定律。

用楞次定律可以判断感应电流的方向，可以按以下步骤进行：

（1）确定闭合电路中原磁场的方向和磁通量的变化情况（是增加还是减少）；

（2）根据楞次定律确定感应电流的磁场方向；

（3）根据感应电流的磁场方向，利用安培定则确定感应电流的方向。

4.3.2　右手定则

当闭合导体回路的一部分做切割磁感线的运动时，怎样判定感应电流的方向？如图 4-6 所示，abcd 是一个金属框架，ab 是可动边，框架平面与磁场垂直。当 ab 边向右滑动时，ab 边中产生的感应电流是什么方向的？

（1）原磁场方向垂直纸面指向纸里，cd 边向右运动时（图 4-7 甲），闭合电路 abcd 中的磁通量增加。

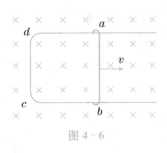

图 4-6

（2）根据楞次定律可知，框架 $abcd$ 中产生的感应电流的磁场阻碍该回路中磁通量的增加，即感应电流的磁场方向与原磁场方向相反，指向纸外（图 4-7 乙）。

（3）根据感应电流的磁场方向，用安培定则可判定感应电流是沿 $abcd$ 方向流动的，即 ab 边产生的感应电流方向是从 b 流向 a。

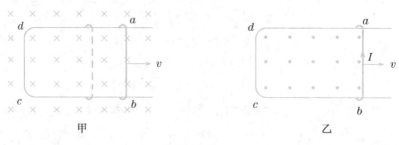

图 4-7

可以用右手定则来记忆：伸出右手，使拇指与其余四个手指垂直，并且都与手掌在同一个平面内，让磁感线从掌心进入，并使拇指指向导体运动的方向，这时四指所指的方向就是感应电流的方向。

习题 4.3

1. 已知长直通电导线周围磁场的磁感应强度 B 与 r 成反比（r 为导线到周围任意一点的距离）。在一长直导线附近有矩形线圈 $ABCD$（图 1），线圈和导线同在一个平面内，线圈的两个边与导线平行。导线中的电流方向已在图上标出。当线圈远离导线向右平动时，线圈中是否产生感应电流？方向如何？

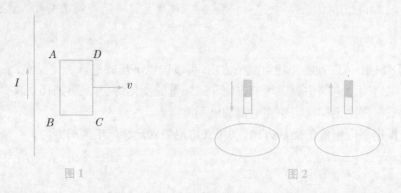

图 1　　　　　　　　　　　图 2

2. 如图 2 所示，将磁铁的 S 极接近金属环或从金属环移开时，试确定金属环中感应电流的方向。

3. 如图 3 所示,当电键 K 闭合时,确定导线 mn 中感应电流的方向。

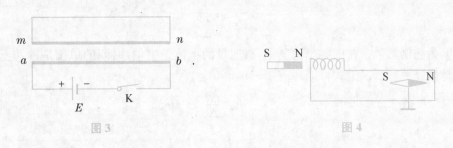

图3　　　　　　　　　　　　　　　图4

4. 如图 4 所示,当磁铁 N 极移近线圈时,磁针 N 极将向什么方向转动?

4.4　法拉第电磁感应定律

4.4.1　感应电动势

闭合电路产生电流的条件是这个闭合电路中必须有电动势。穿过闭合导体回路的磁通量发生变化,就会产生感应电流,那电路中一定有电动势。在电磁感应现象中产生的电动势,叫感应电动势。产生感应电动势的那部分导体就相当于电源。如果电路不闭合时,虽然没有感应电流,感应电动势依然存在。

4.4.2　法拉第电磁感应定律

感应电动势的大小与哪些因素有关呢? 下面我们来研究这个问题。

当电路的电阻一定时,闭合电路中产生的感应电流越大,表示电路中的感应电动势也越大。故在电路不变的情况下,分析感应电流的大小,就可以知道感应电动势的大小。

在导线切割磁感线产生感应电流的实验中,导线运动的速度越快,磁体的磁场越强,产生的感应电流就越大。在向线圈插入条形磁铁的实验中,磁体的磁场越强,插入的速度越快,产生的感应电流就越大。这些经验告诉我们,感应电动势可能与磁通量变化的快慢有关。

> 磁通量变化的快慢,可用单位时间内穿过电路的磁通量的变化量来表示,称为磁通量的变化率。
>
> 闭合电路中感应电动势的大小,跟穿过这一电路的磁通量的变化率成正比。这个规律称为法拉第电磁感应定律。

在 t_1 时刻穿过一匝线圈的磁通量是 Φ_1,在 t_2 时刻穿过这匝线圈的磁通量是 Φ_2,在时间 $\Delta t = t_1 - t_2$ 内,磁通量的变化量就是 $\Delta \Phi = \Phi_2 - \Phi_1$。穿过这匝线圈的磁通量的变化率

就是 $\dfrac{\Delta\Phi}{\Delta t}$，根据法拉第电磁感应定律，用 E 来表示感应电动势可写成

$$E=k\dfrac{\Delta\Phi}{\Delta t}$$

其中 k 为比例常数。在国际单位制中，磁通量的单位是韦伯，时间的单位是秒，电动势的单位是伏，$k=1$，所以上式可以写成

$$E=\dfrac{\Delta\Phi}{\Delta t}$$

实际应用中通常采用多匝线圈，如果线圈的匝数为 n，这个线圈可以看成是由 n 个单匝线圈串联而成的，因此线圈中的感应电动势就是单匝线圈的 n 倍，即

$$E=n\dfrac{\Delta\Phi}{\Delta t}$$

由法拉第电磁感应定律还能求出导体切割磁感线运动时产生的感应电动势。

4.4.3　导体切割磁感线运动的感应电动势

当导体切割磁感线运动时，法拉第电磁感应定律可以表示为一种更简单更便于应用的形式。

在图 4-8 中，设在磁感应强度为 B 的匀强磁场中，矩形线框 $abcd$ 的平面和磁场垂直，导线 ab 的长度为 L，以速度 v 垂直于磁场方向向右做匀速运动，设在 Δt 时间内，导线从原来的位置 ab 移到 a_1b_1。线框面积的变化量 $\Delta S=Lv\Delta t$，穿过闭合电路的磁通量的变化量 $\Delta\Phi=B\cdot\Delta S$，有

$$E=Blv$$

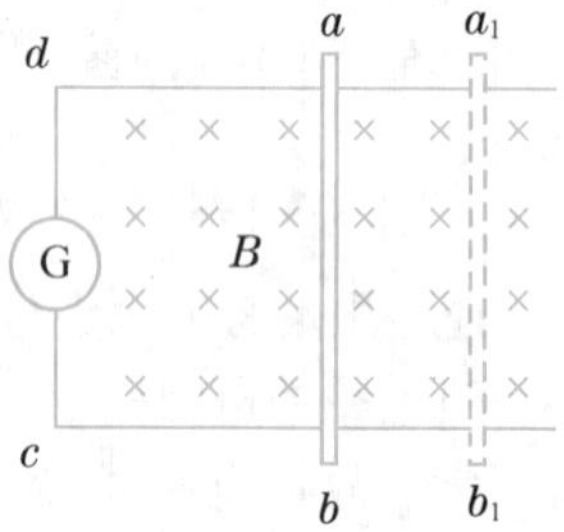

图 4-8　导体切割磁感线

要注意的是，若速度与磁感线方向有夹角 θ，则平行于磁感线的分量是不切割磁感线的，不产生感应电动势，则

$$E=Blv\sin\theta$$

4.4.4　感生电动势与动生电动势

根据法拉第电磁感应定律，只要穿过电路的磁通量发生了变化，在电路中就会有感应电动势产生。

为了便于区分，通常把由于磁感应强度 B 变化引起的感应电动势称为感生电动势。导体以垂直于磁感线的方向在磁场中运动产生的电动势，称为动生电动势。

例 1　有个 1 000 匝的线圈,穿过它的磁通量在 0.02 s 内由 8×10^{-2} Wb 减小到 2×10^{-2} Wb。线圈中产生多大的感应电动势?

解　已知 $n = 1\,000$ 匝,$\Delta t = 0.02$ s,$\Phi_1 = 8 \times 10^{-2}$ Wb,$\Phi_2 = 2 \times 10^{-2}$ Wb。

线圈中产生的感应电动势

$$E = n \frac{\Delta \Phi}{\Delta t} = 1\,000 \times \frac{8 \times 10^{-2} - 2 \times 10^{-2}}{0.02} \text{ V} = 3\,000 \text{ V}$$

例 2　如图 4-8,在匀强磁场中磁感应强度为 0.6 T,导体 ab 的长度为 0.4 m,垂直于磁场方向向右做匀速运动,想要在导体 ab 中产生 2.4 V 的感应电动势,导体 ab 的运动速度是多大? 若导体 ab 的电阻 $R = 0.4$ Ω(其他电阻忽略不计),感应电流是多大? 方向如何?

解　已知 $B = 0.6$ T,$L = 0.4$ m,$E = 2.4$ V,$R = 0.4$ Ω,

由于导体运动方向与磁场垂直,产生的感应电动势为 $E = Blv$,

$$v = \frac{E}{BL} = \frac{2.4}{0.6 \times 0.4} \text{ m/s} = 10 \text{ m/s}$$

导线框中的感应电流

$$I = \frac{E}{R} = \frac{2.4}{0.4} \text{ A} = 6 \text{ A}$$

根据楞次定律判断出线框中的感应电流方向沿逆时针方向。

阅读材料

动生电动势和感生电动势

按照引起磁通量变化原因的不同,把感应电动势区分为动生电动势和感生电动势。

固定回路中的磁场发生变化,使回路中磁通量变化,产生的感生电动势称为感生电动势。产生感生电动势时,导体或导体回路不动,而磁场变化。因此产生感生电动势的原因不可能是洛伦兹力。变化磁场产生了有旋电场,有旋电场对回路中电荷的作用力是一种非静电力,它引起了感生电动势。麦克斯韦提出:变化的磁场在其周围空间激发一种新的电场,称为感生电场或涡旋电场。处于电场的中的电荷会受到感生电场力的作用,感生电场力是产生电动势的非静电力,其感应电场的存在与是否存在闭合电路无关。

导体以垂直于磁感线的方向在磁场中运动,在同时垂直磁场和运动方向的两端产生的电动势,称为动生电动势。动生电动势来源于磁场对运动导体中带电粒子的洛伦兹力。当导体中的带电粒子在恒定磁场中运动时,洛伦兹力与引起动生电动势的非静电力有关,但此洛伦兹力并不是非静电力。非静电力将电子从负极搬到正极做功,洛伦兹力不参与做功。

习题 4.4

1. 关于闭合电路中感应电动势的大小，以下说法中正确的是 （ ）
    A. 跟穿过这一闭合电路的磁通量成正比
    B. 跟穿过这一闭合电路的磁感强度成正比
    C. 跟穿过这一闭合电路的磁通量的变化率成正比
    D. 跟穿过这一闭合电路的磁通量的变化量成正比

2. 有一个 500 匝的线圈，穿过它的磁通量的变化率是 0.2 Wb/s。求线圈中的感应电动势。

3. 如图 1 所示，假定磁场的变化是均匀的，a、b、c 三个回路中，哪个产生的感应电动势大些？为什么？

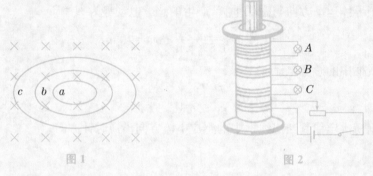

图 1   图 2

4. 三个匝数不同的线圈绕在同一个铁芯上，如图 2 所示，已知它们的匝数 $n_A >$ $n_B > n_C$ 档，开关闭合的瞬间，三个线圈中哪个产生的感应电动势大？

5. 长 0.1 m 的直导线在磁感应强度是 0.6 T 的匀强磁场中，以 6 m/s 的速度做切割磁感线的运动，运动方向跟磁场方向、导线方向均垂直。求导线中感应电动势的大小。

4.5　互感和自感现象

4.5.1　互感现象

两个线圈之间没有导线相连，但当一个线圈中的电流变化时，它产生的变化的磁场会在另一个线圈中产生感应电动势。这种现象叫互感。这种感应电动势叫互感电动势。

利用互感可以把能量从一个线圈传递到另一个线圈。变压器是互感现象最典型的应用，它由初级线圈 N_1、次级线圈 N_2 和铁芯组成。它可以起到升高电压或者降低电压的作用，还可以把交变信号从一个电路传递到另一个电路。互感现象在电工、电子技术中应用很广。实验室中常用的感应圈也是利用互感现象获得高压的。

互感现象是一种常见的电磁感应现象,在电力工程和电子电路中,互感现象会影响电路的正常工作。电子装置内部往往由于导线或器件之间存在的互感现象而干扰正常工作,为此实际中总是采取措施消除这种影响。例如可在电子仪器中,把易产生互感耦合的元件采取远离、调整方位或磁屏蔽等方法来避免元件间的互感影响。

4.5.2 自感现象

当一个线圈中的电流发生变化时,它产生的变化的磁场不仅在邻近的电路中激发出感应电动势,同样它本身也激发出感应电动势。由于导体本身电流的变化而产生的电磁感应现象叫自感现象。

演示实验

观察自感现象

按照引起磁通量变化的不同原因,把感应电动势区分为动生电动势和感生电动势。将两个相同的灯泡 A_1、A_2 分别串联在变阻器 R 和有铁芯的线圈 L 的电路里。按图 4-9 连接,合上开关,调节变阻器 R,使灯泡 A_1、A_2 达到相同的正常亮度,当断开电路后,再次闭合开关时,观察会发生什么现象?

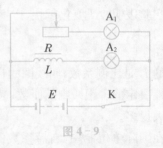

图 4-9

再接通电路时我们可以看到,跟变阻器 R 串联的灯泡 A_1 立刻达到了正常亮度了,而跟线圈 L 串联的灯泡 A_2 却是较慢地达到正常亮度。

如图 4-10 所示,将两个同一规格的灯泡 A_1、灯泡 A_2;带铁芯的线圈 L 及滑动变阻器 R 接在的电路中。合上开关,调节 R,使灯泡 A_1、灯泡 A_2 达到相同亮度。然后断开电路时,观察灯泡 A_1、灯泡 A_2 会发生什么现象?

断开电路时,跟变阻器 R 并联的灯泡 A_2 立刻就熄灭了,而跟线圈 L 并联的灯泡 A_1 并不马上熄灭,相反 A_1 在熄灭前还要会很亮地闪一下。

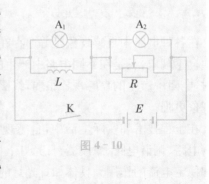

图 4-10

为什么会有这种现象出现呢?

这是因为在电路接通的瞬间,线圈中的电流增强。在图 4-9 过程中,通过线圈 L 的磁通量也随着增加,在线圈 L 中产生了感应电动势。由楞次定律可知,这个电动势产生的电流方向要阻碍通过线圈的磁通量增加,也就是要阻碍线圈中电流的增强。所以,与线圈 L 串联的灯泡 A_2 中的电流只能缓慢增大,不能立刻达到最大值。又因为电阻 R 产生的感应电动势很小,对电流的阻碍作用可以忽略不计,所以跟电阻 R 串联的灯泡 A_1 立刻就亮了。

既然在电路接通的瞬间会产生阻碍电流增大的感应电动势,那么在电路断开的瞬间是否也会产生阻碍电流减小的感应电动势呢?

在电路切断的瞬间,图 4 - 10 过程中通过线圈的电流很快减弱,线圈中的磁通量也很快减少,在线圈中产生了感应电动势,由楞次定律可知,这个电动势要阻碍线圈中电流的减弱。原来流过线圈的电流会通过线圈 L 和灯泡 A_1 组成的闭合电路,并持续一段时间。所以断电后灯泡 A_1 并不马上熄灭。如果线圈 L 的电阻远小于灯泡 A_1 的电阻,因而断电前流过线圈的电流大于流过灯泡的电流,灯泡 A_1 在熄灭前还会闪亮一下。

4.5.3　自感系数

自感电动势跟所有感应电动势一样,是跟穿过电路的磁通量的变化率 $\dfrac{\Delta \Phi}{\Delta t}$ 成正比的。但是在自感现象中,穿过电路的磁通量的变化量 $\Delta \Phi$ 是由电路中的电流变化量 ΔI 引起的。实验表明,ΔI 变化越快,产生的自感电动势越大。

$$E = L \dfrac{\Delta I}{\Delta t}$$

式中的 L 是比例系数,叫线圈的自感系数,简称自感或电感,线圈的自感系数是由其本身的特性决定的。跟线圈的匝数、横截面积等因素有关,有铁芯的线圈的自感系数比没有铁芯的大得多。

在国际单位制中,自感系数的单位是亨利,简称亨,符号是 H。一个线圈,如果通过它的电流强度在 1 s 内变化 1 A,产生的自感电动势是 1 V,那么,这个线圈的自感系数就是 1 H,所以 $1\ H = 1\ V \cdot S/A$。

4.5.4　自感现象的应用

在各种电路中自感现象是普遍存在的。只要电路里的电流发生变化,都会在自身中产生自感现象,只是在不同电路中产生的自感现象强弱不同而已。当电路的电流发生变化时,电阻中产生的自感现象很弱,线圈中产生的自感现象较强,带铁芯的线圈产生的自感现象更强。

在工程技术和实际生活中,自感现象的应用非常广泛。如无线电技术中常用的 LC 振荡电路、调谐电路、滤波器、日光灯上用的镇流器等都利用了自感电路具有阻碍电流变化和稳定电流的作用。具体如日光灯的镇流器,它是一个带铁芯的多匝线圈。镇流器有两个作用:一是日光灯点亮时需要高电压,就用镇流器产生较高的自感电动势提供;二是在日光灯点亮后正常发光时,管内温度升高,气体的电阻变小,电路中电流会迅速增大,为防止电流过大烧坏灯管,利用镇流器的自感作用限制电流增大。

自感现象也有不利的一面,在含有较大自感的电路里,断电时会产生很大的自感电动势,因此在断开处将引起火花放电或弧光放电,这是十分有害的,应尽量采取措施防止自感带来危害。如无轨电车行驶时,若路面不平,车顶上的车弓(又叫受电弓)由于车身颠簸,有时会短时间脱离电网而使电路突然断开。这时由于自感而产生的自感电动势,在电网和车弓之间形成较高的电压,使空气电离导电,形成电弧,因此可以看到车弓与电网之间出现电火花。电弧对电网有破坏作用。

实际上,在一切自感系数很大、电流又很强的电路(如大型电动机和强力电磁铁)中,在切断电源的瞬时,会在电路中产生很大的自感电动势,以致在开关两端出现很高的电压,使开关处的空气电离而变成导体,形成电弧,这会烧坏开关,造成事故。为了减少这种危险,切断这类电路时,必须采用特制的安全开关。一种常见的安全开关是将开关放在绝缘性能良好的油中,可以防止产生电弧,以保证安全。

讨 论

用导线制造精密电阻时,往往采用双线绕法(4 - 11)。这种绕法的线圈能使自感现象减弱到可以忽略的程度。为什么?

图 4 - 11 双线绕法

习题 4.5

1. 如图 1 所示电路,电感线圈 L 的自感系数足够大,其直流电阻忽略不计。A、B 是两个完全相同的灯泡,当开关 S 闭合瞬间看到的实验现象是＿＿＿＿＿＿＿＿；当开关 S 断开的瞬间看到的实验现象是＿＿＿＿＿＿＿。

2. 一线圈的自感系数是 0.6 H,在 0.5 s 内线圈中的电流由 0 增加到 5 A。线圈中产生的自感电动势是多少?

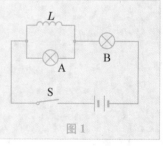

图 1

第5章 电磁场和电磁波

本章导读 ▶

　　电磁学的理论和实验在 19 世纪 60 年代已经有了相当大的突破，物理学家麦克斯韦将电磁场的理论加以推广、修改和提高，预言了电磁波的存在，这些预言都被赫兹用实验一一证实。本章将学习电磁振荡、电磁场和电磁波、电磁波的发射和接收、无线电技术在现代社会中的应用等内容。通过本章的学习，要求对电磁波的产生、发射、接收及无线电通信的基本知识有大致的了解。

5.1 变化的磁场和电场

5.1.1 电磁场理论

英国物理学家麦克斯韦(1831—1879)在总结法拉第等人研究电磁感应现象成果的基础上,建立了电磁场理论。

麦克斯韦将电磁场的理论加以推广、修改和提高,提出著名的"涡旋电场"和"位移电流"两个假说。

变化的磁场在其周围空间激发的电场叫涡旋电场,即感生电场,电场线是无始无终的闭合曲线。

磁场分为恒定的磁场和变化的磁场,变化的电场能够在其周围空间产生涡旋磁场(感生磁场)。

位移电流不是电荷做定向运动的电流,当传导电流在电容器的极板上中止时,就有位移电流(变化电场)接替下去,也相当于一种电流。位移电流和传导电流一样能激发磁场,这就是麦克斯韦的位移电流假说。

> 1. 变化的磁场产生电场
> 电场产生的原因有两种:一是由电荷产生的静电场,二是由变化磁场产生的涡旋电场。麦克斯韦指出,均匀变化的磁场产生恒定的电场;不均匀变化的磁场产生变化的电场。

> 2. 变化的电场产生磁场
> 磁场产生的原因也有两种:一是由稳恒电流产生的稳恒磁场,二是由变化电流产生的涡旋磁场。麦克斯韦认为,均匀变化的电场相当于恒定电流,产生恒定的磁场;不均匀变化的电场相当于变化的电流,产生变化的磁场。

5.1.2 电磁波

若空间某一点的电场发生变化,它将在周围空间激发涡旋磁场。这个涡旋磁场是随时间变化的,又在较远一点的邻近空间激发涡旋电场。这样变化的磁场和变化的电场互相转化,相互激励,交替产生,形成统一的电磁场,由近及远地向周围空间传播,并以一定的速度在空间传播,就形成了平面电磁波,简称电磁波(图5-1)。

电场和磁场具有能量,所以电磁波的传播过程也是能量传播的过程。麦克斯韦还从理论上得出电磁波是横波,它的传播速度等于光速,在真空中是 3×10^8 m/s。电磁波在空气中的速度也非常接近这个值。电磁波的传播不像机械波一样依靠弹性介质。电磁波是依靠电场和磁场的相互激励,而且振源停止振动后,较远的电磁场仍在变化,并向更远处传播。

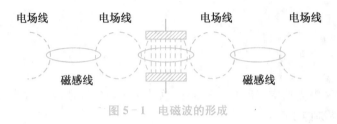

图 5 - 1　电磁波的形成

5.2　电磁振荡

5.2.1　电磁振荡 LC 振荡电路

任何波都有波源,机械波的源头是机械振动。一个由电感线圈和电容器组成的电路,电路本身的电场和磁场能量进行相互交换,使电流做周期性变化而产生振荡,称为电磁振荡。电磁振荡是电磁波的源头,要产生电磁波必须要有电磁振荡。

产生电磁振荡的电路称为振荡电路,振荡电路有多种形式。一种最简单的振荡电路——LC 振荡电路,它是实现电磁波辐射的基础。

演示实验

电磁振荡的产生

将自感线圈、电容器、电池组、演示电流表和单刀双掷开关按图 5 - 2 连成电路。先把开关拨到电池组一边,给电容器充电。然后把开关拨到线圈一边,让电容器通过线圈放电。可以看到电流表的指针会左右摆动。

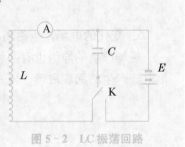

图 5 - 2　LC 振荡回路

这表明电路中产生了大小和方向做周期性变化的电流。这时我们就说电路中产生了电磁振荡,这种大小和方向都做周期性变化的电流,叫振荡电流。图 5 - 2 中由自感线圈和电容器组成的电路,是一种简单的振荡电路,称为 LC 振荡电路,又称 LC 回路。

LC 回路中的电流是怎样产生的呢?充好电的电容器刚开始放电时,电流为零,电容器两极板间的电压最高,电容器里的电场最强,系统的能量全部是电场能。放电过程中,电容器里的电场能逐渐转化为线圈中的磁场能。如果没有能量损失,在放电完毕的瞬间,电场能将全部转化为磁场能。电容器放电完毕,由于线圈的自感作用,电流并不能立即减小为零,而要保持原来的方向继续流动,并逐渐减小。

电容器在反方向重新充电,两极板间的电压逐渐升高。到反方向充电完毕的瞬间,电流减小到零,电容器极板上的电压达到最大值。充电过程中,线圈里的磁场能逐渐转化为电容器里的电场能。如果没有能量损失,反方向充电完毕的瞬间,磁场能将全部转化为电场能。

电容器不断地充电和放电,电路中就出现了振荡电流。

> 机械振动和电磁振荡虽然有本质的区别,但它们具有共同的变化规律。在机械振动中,位移、速度随时间做周期性变化,动能和势能发生相互转化。在电磁振荡中,电压、电流随时间做周期性变化,磁场能和电场能发生相互转化。

5.2.2　电磁振荡的周期和频率

与机械振动一样,电磁振荡完成一次周期性变化需要的时间叫周期,用 T 表示,一秒钟内完成的周期性变化的次数叫频率,用 f 表示,$T=\dfrac{1}{f}$。

实验表明 LC 振荡电压的周期跟振荡电路中的电容和自感系数有关:电容或电感增加时,周期变长,频率变低;电容或电感减小时,周期变短,频率变高。

周期 T 和频率 f 跟自感系数 L 和电容 C 的关系是

$$T=2\pi\sqrt{LC} \qquad f=\frac{1}{2\pi\sqrt{LC}}$$

现在使用比较多的振荡器是石英晶体振荡器,石英晶体振荡器产生的电磁振荡,周期和频率非常稳定。石英晶体可以做得很小,用石英晶体振荡器做成的电子表,日误差可小于 1 秒。

5.2.3　电磁波的周期、频率和波长

机械波的波长是在振子完成一次全振动的时间内,振动在介质中传播的距离。同样,振荡电流完成一次全振荡的时间内,振荡的电场(或磁场)传播的距离就是电磁波的波长。

电磁波的波长 λ 与周期 T 的比值,就等于电磁波的传播速度 C。

$$C=\frac{\lambda}{T}$$

利用频率与周期的关系,上式也可以写为

$$C=\lambda f$$

习题 5.2

1. 在 LC 振荡电路中,在电容器放电完毕的瞬间,下述说法中正确的是 （　　）

　　A. 电容器两板上的电荷最多

　　B. 线圈中的电流最大

　　C. 电容器两板间的电场最强

　　D. 线圈的磁场最强

2. 中波收音机的接收回路,由一可变电容和电感线圈组成振荡电路,能够产生 535 kHz 到 1 605 kHz 的电磁振荡,线圈的自感系数是 300 μH,可变电容器的最大电容和最小电容各是多少?

3. 比较 LC 回路产生的电磁振荡与弹簧振子的简谐振动,说明它们类似的地方。

5.3　电磁波谱

1888 年,赫兹首先用振荡电偶极子进行了许多实验,发射并接收到了电磁波,而且证明了电磁波与光波一样,能发生折射、反射、干涉、衍射和偏振现象,证实了光波的本质就是电磁波。

自赫兹实验以来,大量的实验陆续地证实了无线电波、红外线、可见光、紫外线、X 射线、γ 射线都是电磁波,电磁波的本质是相同的,各种电磁波在真空中的传播速度都是 3×10^8 m/s。不过它们的产生方式不同,波长也不同,把它们按波长（或频率）顺序排列就构成了电磁波谱。

5.3.1　无线电波

无线电波是电磁振荡电路通过天线发射的。无线电波的波长从几毫米到 30 千米,一般的电视和无线电广播的波段就是用这种波。通常根据波长或频率把无线电波分成几个波段,如表 5-1 所示。

表 5-1　无线电波波普

波段	波长	频率	传播方式	主要用途
长波	30 km—3 km	10 kHz—100 kHz	地波	超远程无线电通信和导航
中波	3 km—200 m	100 kHz—1 500 kHz	地波和天波	调幅无线电广播、电报、通信
中短波	200 m—50 m	1 500 kHz—6 000 kHz		
短波	50 m—10 m	6 MHz—30 MHz	天波	

波段		波长	频率	传播方式	主要用途
微波	米波	10 m—1 m	30 MHz—300 MHz	近似直线传播	调频无线电广播、电视、导航
	分米波	1 m—0.1 m	300 MHz—3 000 MHz	直线传播	电视 雷达 导航
	厘米波	10 cm—1 cm	3 000 MHz—30 000 MHz		
	毫米波	10 mm—1 mm	30 000 MHz—300 000 MHz		

5.3.2　红外线

红外线的波长比红光更长，人的视觉不能感受到，在可见光的红光部分之外。红外线是波长介于微波与可见光的电磁波，波长在 760 nm 到 1 mm 之间，是比红光波长的非可见光。

高于绝对零度（-273.15 ℃）的物质都可以产生红外线。现代物理学称之为热射线。医用红外线可分为两类：近红外线与远红外线。红外线具有显著的热效应，能穿透浓雾或者较厚的气层，太阳的热量主要通过红外线传到地球。

红外线的主要特性是热作用强。这是因为红外线的频率比可见光更接近固体物质分子的固有频率，容易引起分子的共振，从而使红外线的电磁场的能量更容易转变成物质的内能，使物体的温度升高。因此，红外线的热作用被广泛应用于加热烘烤物体、进行医疗等。如市面上烤制肉类食品的"远红外烤箱"，工作时灯管发出红光和红外线，利用红外线的热效应来加热或烘烤食物，烤箱即由此而得名。

红外线还被广泛地应用于遥控技术中，例如按下电视机、录像机、空调机等家用电器遥控器上的按钮，遥控器就发出红外线脉冲信号，受控机器在收到信号后就会完成相应的操作，如开关机器、变换频道、改变音量、调节温度等。

利用灵敏的红外线探测器接收物体发出的红外线，然后用电子仪器对收到的信号进行处理，可以显示出被探测物体的形状和特征。这就是红外线遥感技术。在飞机或人造地球卫星上，利用遥感技术可以勘测地热、寻找水源、监视森林火灾、预报风暴和寒潮、估测农作物的长势和收成等。遥感技术在现代军事上也有广泛应用。

此外，用红外线摄影对人体成像，做出体表的"热图"，可以通过皮肤温度的微小变化判断人体的健康状况。

5.3.3　可见光

这是人们所能感光的一个波段，可见光的光谱密度很窄，没有精确的范围。太阳辐射光谱中 0.38—0.76 微米波谱段的辐射，由紫、蓝、青、绿、黄、橙、红等七色光组成，白光是由多种不同颜色的光混合。

可见光遥感是指传感器工作波段限于可见光波段范围(0.38—0.76 微米)的遥感技术,是传统航空摄影侦察和航空摄影测绘中最常用的工作波段。

5.3.4 紫外线

紫外线位于光谱中紫色光之外,波长 10 nm 至 400 nm,为不可见光。

紫外线照射会让皮肤产生大量自由基,导致细胞膜的过氧化反应,使黑色素细胞产生更多的黑色素,并往上分布到表皮角质层,造成黑色斑点。紫外线可以说是造成皮肤皱纹、老化、松弛及黑斑的最大元凶。

紫外线有很强的杀菌能力,医院里的病房就利用紫外线消毒,还有很强的光化学作用。能使许多物质激发荧光,很容易让照相底片感光。

当紫外线照射人体时,能促使人体合成维生素 D,以防止患佝偻病,经常让小孩晒晒太阳就是这个道理。

1801 年,德国物理学家里特(1776—1810)发现,在太阳光谱的紫光区域外侧也有一种看不见的射线,它的波长比紫光还短,为 5 nm—400 nm,这种射线能使氯化银等物质分解。后来,人们就把这种射线叫紫外线。高温物体,如太阳、弧光灯和其他炽热物体等发出的光中都有紫外线。另外,汞等气体放电时也会发出紫外线。

紫外线有很强的荧光效应。许多物质在紫外线照射下会发出不同颜色的荧光。如大额钞票上有用荧光物质印刷的文字,在可见光下肉眼看不见,用紫外线照射则会发出可见光,清晰地显示出这些文字,从而达到有效防伪的目的。另外,在日光灯管和荧光灯管的管壁上均涂有荧光粉,在汞蒸气放电时产生的紫外线的照射下,可以发出类似日光的白光或其他颜色的光。

紫外线能促使人体合成维生素 D,促进人体对钙的吸收,所以儿童常晒太阳能够防止缺钙引起的佝偻病。但是过多的紫外线会伤害人的眼睛和皮肤,甚至诱发皮肤癌,因此某些工种的工人(如电焊工人)在工作时必须穿好工作服,戴好防护面罩(因电焊的弧光中有很强的紫外线)。这点也要引起注意。

紫外线还有很强的生理作用,能杀灭多种细菌,所以医院和食品店常用紫外线消毒。太阳光里有很多紫外线,衣服、被褥经常在阳光下晾晒也可以起到灭菌消毒的作用。

5.3.5 X射线

X 射线是由于原子中的电子在能量相差悬殊的两个能级之间跃迁而产生的粒子流,是波长介于紫外线和 γ 射线的电磁辐射,其波长很短,处于 0.01—100 埃。

伦琴射线具有很高的穿透本领,能透过许多对可见光不透明的物质,X 射线最初用于医学成像诊断和 X 射线结晶学。X 射线也是游离辐射等一类对人体有危害的射线。

5.3.6 γ射线

γ射线,又称 γ 粒子流,是原子核能级跃迁蜕变时释放出的射线,波长小于 0.01 埃。γ 射线是继 α、β 射线后发现的第三种原子核射线。

放射性物质或原子核反应中常有这种辐射伴随着发出。γ 射线的穿透力很强,工业中可用来探伤或流水线的自动控制。γ 射线对细胞有杀伤力,医疗上用来治疗肿瘤,同时对生物的破坏力很大。

如图 5 - 3 所示为电磁波谱。

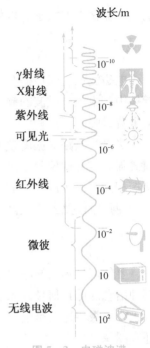

图 5 - 3　电磁波谱

5.4　无线电波的发射与接收

5.4.1　无线电波的发射

振荡电路在发生电磁振荡的时候,电容器里的电场和线圈周围的磁场都在振荡着,因此,振荡电路能够产生电磁波,并向外发射出去。但在普通的 LC 振荡电路中,电场主要集中在电容器的极板之间,磁场主要集中在线圈内部,电场能和磁场能主要是在电路内互相转化,辐射出去的能量很少,不能用来有效地发射电磁波。

研究表明,要有效地向外界发射电磁波,振荡电路必须具有如下的特点:

> 第一,振荡频率要足够高。研究表明,振荡电路向外界辐射能量的本领,与振荡频率有关,频率越高,向外界辐射能量的本领就越大。
>
> 第二,振荡电路的电场和磁场必须分散到尽可能大的空间,才能有效地把电磁场的能量传播出去。需要将电路改造,改造的方法是将电容器两个极板的面积逐渐减小、极板间的距离逐渐增大,电感线圈逐渐拉开,匝数逐渐减少,电路逐渐开放,使电场和磁场的能量散布到空间中去。

图 5 - 4A 中的 LC 振荡电路改造为图 B、C 那样,改造后电容器极板间的距离增大了,极板的面积减小了,同时自感线圈的匝数也减小了,这样一方面减小了 L、C 的值,增大了振荡频率,同时可以使电场和磁场扩展到外部空间。这样的振荡电路叫开放电路。振荡电路演变为一根直线,当电流在其中往复振荡时,两端交替出现等量的正负电荷,成

图 5 - 4　开放电路

为一个振荡电偶极子。电偶极子可以作为波源,将电磁能量辐射出去。

5.4.2　无线电波的接收

电磁波在空间传播时,如果遇到导体,其变化的电场就会把部分能量传递给导体,使导体中产生跟电磁波的频率相同的振荡电流。我们需要的电磁波在接收天线中激起的感应电流最强。

当接收电路的振荡频率跟接收到的电磁波的频率相同时,接收电路中产生的振荡电流最强。这种现象叫电谐振。在无线电技术里,是利用电谐振来达到筛选频率的目的,电谐振相当于机械振动中的共振。

使接收电路产生电谐振的过程叫调谐,能够调谐的接收电路叫调谐电路。

5.4.3　调制

要频率足够高的电磁波才有足够的能量由天线发射出去,而往往需要传递的是携带某种信息的低频信号。无线电广播需要用高频电磁波载上低频信号传播到空间中去。例如无线电报传递的是电码符号,无线电广播传递的是声音,电视广播传递的不仅有声音,还有图像。

> 通过高频振荡电路产生的高频、等幅电磁波叫载波,载波是运输工具。调制是使消息载体的某些特性随信号变化的过程,即用低频信号控制高频载波,低频信号叫调制信号。

如果载波振幅随信号而改变,叫调幅。如果载波频率随信号而改变叫调频。如果载波初相随信号而改变叫调相。

5.4.4　解调

> 从接收到的高频振荡电流中还原出所携带信号的过程,叫解调。解调是调制的逆过程。解调之后的信号再经过放大,通过转换器我们就可以感受到所传递的信息了。

如果拿交通运输进行比较,无线电波就相当于交通工具,信息就相当于货物,调制和解调就相当于货物的装卸过程,电磁波的发射就相当于运输过程,接收和解调就相当于卸货的过程。

第 6 章　光的传播

本章导读 ▶

　　光给了我们一个明亮的世界,来自周围物体的光进入了我们的眼睛,可是它自己却像一团谜。光学是物理学中一个古老的基础科学,又是现代科学领域中最活跃的前沿科学之一,具有强大的生命力和不可估量的发展前景。

　　光与人类学习、科学研究、生产生活有着密切的联系。我们将学习光的传播规律,包括光的直线传播、光的折射和全反射等,这部分光学知识属于几何光学的范畴。

6.1 光的直线传播

6.1.1 光源

我们能看到物体,是因为有光,那自然界中哪些物体能够发光,白天有灿烂的阳光,晚上有闪烁的星光,有万家灯火。在自然界中,宇宙中的恒星、打开的电灯、点燃的蜡烛,还有可以发光的萤火虫等,这些能自行发光的物体叫光源,在我们的生活中有很多人造光源。

如果光源很小,远小于它到观测点的距离,这时光源的大小和形状对分析的问题而言可以忽略,把光源看作一个能发光的点,这样的光源叫点光源。

6.1.2 光线

在暗室中用手电筒发出一束光,可以看到光在空气中是沿直线传播的;站在树林中抬头看太阳,穿过树叶缝隙的太阳光也是沿直线传播的。

科学家们做了大量实验,证明光在同一均匀介质中都是沿直线传播的。光能够在空气、水、玻璃这些透明物质中传播,这些能传光的物质叫光介质,简称介质。

> 为研究光的传播方向时,我们用一条带箭头的直线表示光传播的特性方向,这样的直线叫光线。

有些光源,如激光器,它产生的光束可以传播很远,但宽度却没有明显的增加。因此,在每束激光中都可以做出许多条互相平行的光线。这样的光束称为平行光。太阳离我们很远,太阳光线也可以看作平行光线。

6.1.3 光速

电闪雷鸣的时候,我们总是先看到闪电后听到雷声,这说明,光比声音传播得快。

光在真空中的传播速度约为 3.0×10^8 m/s,是宇宙间最快的速度,在物理学中用字母 c 表示。光在不同的介质中传播速度是不一样的,光在水中的速度约为 $\frac{3}{4}c$,在玻璃中的速度约为 $\frac{2}{3}c$。

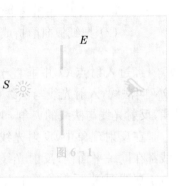

图 6-1

习题　6.1

1. 如图 6-1，S 是点光源，E 是具有开口的屏，试在屏的右方画出人眼能看到光源 S 的范围。

2. 光年是天文学上用于表示天体间距离的长度单位，它等于光在 1 年内传播的距离。试估算光年等于多少千米？

3. 利用光沿直线传播的原理，做小孔成像的光路图。

6.2　光的反射

光遇到桌面、水面以及其他许多物体的表面都会发生反射。我们能够看见不发光的物体，都是因为物体反射的光进入了我们的眼睛。

6.2.1　光的反射定律

演示实验

探究光反射的规律

光反射时遵循什么规律？也就是反射光沿什么方向射出？

把一个平面镜放在水平桌面上，再把一张纸板 ENF 竖直地立在平面镜上，纸板上的直线 ON 垂直于镜面，如图 6-2 所示。

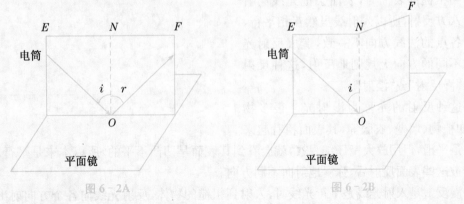

图 6-2A　　　　　图 6-2B

(1) 如图 6-2A，使一束光贴着纸板沿某一个角度射到 O 点，经平面镜反射，沿另一个方向射出。在纸板上用笔描出入射光和反射光的径迹。改变入射光的角度，多次记录每次光的径迹。

取下纸板，用量角器量出夹角的角度，记录。

（2）把纸板向前折或者向后折，能否观察到反射光线？

经过入射点 O 并垂直于反射面的直线 ON 叫法线，入射光线与法线的夹角 i 叫入射角，反射光线与法线的夹角 r 叫反射角。

在反射现象中，反射光线、入射光线和法线都在同一平面内；反射光线、入射光线分别位于法线两侧；反射角等于入射角。这就是光的反射定律。

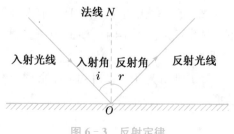

图 6-3　反射定律

在上面演示实验中，如果让光逆着反射光的方向射到镜面，那么，它被反射后就会逆着原来的入射光的方向射出，在反射现象中，光路可逆。

生活中有很多现象可以用光路可逆解释，例如你在平面镜中看到一位同学的眼睛，这位同学也会看到你的眼睛。

6.2.2　镜面反射

镜面反射是指若反射面比较光滑，当平行入射的光线射到这个反射面时，仍会平行地向一个方向反射出来，这种反射就属于镜面反射。

镜面反射符合反射定律。

图 6-4　镜面反射

6.2.3　漫反射

漫反射是投射在粗糙表面上的光向各个方向反射的现象。当一束平行的入射光线射到粗糙的表面时，表面会把光线向着四面八方反射，所以入射线虽然互相平行，由于各点的法线方向不一致，造成反射光线向不同的方向无规则地反射，这种反射称为"漫反射"或"漫射"。

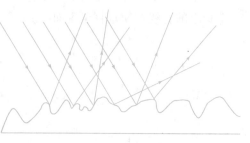

图 6-5　漫反射

这种反射的光称为漫射光。很多物体，如植物、墙壁、衣服等，其表面粗看起来似乎是平滑，但用放大镜仔细观察，就会看到其表面是凹凸不平的，所以本来是平行的太阳光被这些表面反射后，弥漫地射向不同方向。

漫反射是入射光线是平行光线时，入射到粗糙的物体，反射光线向各个方向射出去。所以太阳光照射到物体上，各个方向的光线都有，所以我们能从不同角度看到物体。

6.2.4 平面镜成像

平面镜是生活中常见的现象,那为什么我们能看到平面镜中物体的像? 光源 S 向四处发光,一些光经平面镜反射后进入了人的眼睛,引起视觉。由于有光沿直线传播的经验,人会觉得这些光好像是从进入人眼光线的反向延长线的交点 S′ 发出的,S′ 就是 S 在平面镜中的像。由于平面镜后不存在光源 S′,进入人眼的光并非来自 S′,所以把 S′ 叫作 S 在平面镜的虚像。

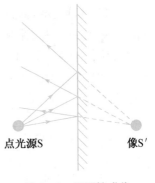

点光源S 像S′

图 6-6 平面镜成像

6.3 光的折射

6.3.1 折射定律

筷子放进装水的杯子里,折弯了;小溪里叉鱼,有经验的人会往鱼下方叉下去;清澈见底的池水往往比你看见的深;为什么自然界会出现这么奇特的现象? 这与光的折射现象有关。光沿直线传播,是指光在同一种均匀介质中传播的情形。如果光从一种介质进入另一种介质,情况会怎么样?

> **演示实验**
>
> #### 探究光折射的规律
>
> 光反射时遵循什么规律? 也就是反射光沿什么方向射出?
>
>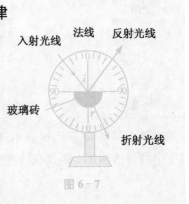
>
> 入射光线 法线 反射光线
>
> 玻璃砖
>
> 折射光线
>
> 图 6-7
>
> 如图 6-7,把半圆形的玻璃砖装在光具盘的中央,让一束很窄的平行光,照在玻璃砖的上表面上,观察光的传播路线。
>
> 实验表明,光射到空气与玻璃的分界面时,一部分光返回到空气中,另一部分光射进玻璃中。

光从一种介质斜射到另一种介质时,传播方向发生了偏折,这种现象叫光的折射。当光从空气垂直射入水中或者其他介质中时,传播方向不变。

光从空气射向水面时,以经过入射点 O 并垂直于水面的直线 ON 作为法线,入射光线与法线的夹角 i 叫入射角,折射光线与法线的夹角 r 叫折射角。

从希腊天文学托勒密测量入射角和折射角开始积累实验数据,经历了一千多年的时间,1621 年,荷兰数学家斯涅耳(1580—1626)通过分析大量的实验数据,发现了折射定律:

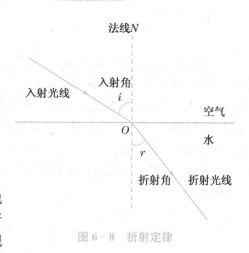

图6-8　折射定律

（1）折射光线跟入射光线和法线在同一个平面内，折射光线和入射光线分别位于法线的两侧；

（2）入射角的正弦与折射角的正弦之比是个常量，即

$$\frac{\sin i}{\sin r}=n$$

如果让光逆着折射光的方向从水或其他介质射入空气中，可以看到，进入空气中的折射光逆着原来入射光的方向射出。在折射现象中，光路也是可逆的。

6.3.2　折射率

从折射定律知道，光从一种介质射入另一种介质时，虽然折射角的大小随入射角而改变，但是入射角的正弦与折射角的正弦之比 n 始终是个常量。不同介质，比值 n 的大小一般并不相同。

比值 n 越大，光线在介质中的偏折程度越大。可见，比值 n 与介质有关，它反映了介质的光学性质。物理学中规定，光从真空射入某种介质发生折射时，入射角的正弦与折射角的正弦之比，叫这种介质的折射率。几种常用介质的折射率见表6-1。

表6-1　几种介质的折射率

介质	折射率	介质	折射率
金刚石	2.42	岩盐	1.54
二硫化碳	1.63	酒精	1.36
玻璃	1.5—2.0	水	1.33
水晶	1.54	空气	1.000 28

理论研究和实验证明，光在不同介质中的传播速度不同。某种介质的折射率，等于光在真空中的传播速度 c 跟光在这种介质中的传播速度 v 之比，即

$$n=\frac{c}{v}$$

由于光在真空中的速度跟在空气中的速度相差很小，认为光从空气射入某种介质时的折射率就是那种介质的折射率。

光在真空中的速度 c 大于光在任何介质中的速度 v，因此，所有介质的折射率 n 都大于1。当光从真空或空气射入任何一种介质时，总有 $\sin i > \sin r$，即入射角总大于折射角。根据光路的可逆性知道，当光从任何介质射入真空或空气时，入射角总是小于折射角。

例　一束光从空气射入某种玻璃中,已知入射角为 $60°$,玻璃中的光束跟空气和玻璃的分界面的夹角也为 $60°$。求:

(1) 该玻璃介质的折射率;

(2) 光在该玻璃介质中的传播速度。

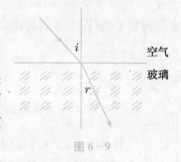

图 6 - 9

分析　根据题意作图 6 - 9。已知 $i=60°$,由玻璃介质中的光束跟空气和玻璃的分界面的夹角为 $60°$,可求得折射角 $r=90°-60°=30°$,从而可求出玻璃介质的折射率 n 和光在该玻璃介质中的传播速度 v。

解　(1) 根据题意得

$$r=90°-60°=30°$$

已知 $i=60°$,故

$$n=\frac{\sin i}{\sin r}=\frac{\sin 60°}{\sin 30°}=\sqrt{3}=1.7$$

(2) 由 $n=\frac{c}{v}$ 得

$$v=\frac{c}{n}=\frac{3\times10^8}{1.7}\ \text{m/s}=1.7\times10^8\ \text{m/s}$$

即该玻璃介质的折射率为 1.7,光在这种玻璃介质中的传播速度为 1.7×10^8 m/s。

6.3.3　生活中的折射

在清澈的河边叉鱼,如果用鱼叉对准看到的鱼去叉,却总是叉不到鱼。有经验的渔民知道,只有瞄准鱼的下方去叉,才能叉到鱼。这是为什么呢?

光线经过水与空气的分界面时发生了折射(图 6 - 10)。我们实际看到的和瞄准的都是鱼的虚像,像位于折射光线的反向延长线的交点处,而鱼的实际位置却在像的下方。

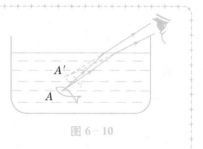

图 6 - 10

同样,站在岸边看河底,会觉得清澈见底的河水并不很深。等到下水中后才发现自己的判断居然有误,缺乏经验的小学生常常因此而发生溺水事故。

大气层是不均匀的,越往上空气越稀薄,越接近真空(折射率越接近 1)。从天体射来的光经过大气层时,由于上层空气的折射率小,下层空气的折射率大,光在传播途中不断地发生折射,且入射角总是大于折射角,这些光进入观察者眼中,观察者会觉得光是从它的反向延长线处沿直线传来的(图中的虚线)。因此看到的天体(实际上是它的像)的位置,总比它的实际位置要高(正上方的天体除外)。

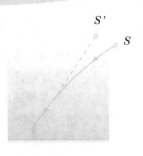

图 6-11

习题 6.3

1. 在折射现象中,下列说法正确的是 （　　）
  A. 入射角一定大于折射角
  B. 介质的折射率越小,光在其中的传播速度越小
  C. 入射角增大多少倍,折射角也增大多少倍
  D. 光从真空射入不同介质,入射角一定时,折射角小,表明介质的折射率大

2. 光射向两种介质的分界面时,反射和折射会同时发生吗?已知光从空气射到水面的入射角是 30°。(1) 反射角是多大?(2) 折射角是多大?(3) 画出入射光线、法线、反射光线和折射光线。

3. 如图1,甲、乙、丙、丁分别表示光从空气经半圆形玻璃砖的圆心射入玻璃砖后的光路,哪些情况是可能发生的,哪些情况是不可能发生的?说明理由。

甲　　　　　乙　　　　　丙　　　　　丁

图1

4. 光从空气射入某种介质发生折射的光路如图2所示。求该介质的折射率及光在该介质中的传播速度分别是多少?

5. 把筷子插入盛满清水的碗中,筷子好像被折断了一样。为什么?

图2

6.4 全反射

6.4.1 全反射现象

折射率是一个反映介质光学性质的物理量。对两种折射率不同的介质,折射率较小的介质叫光疏介质,折射率较大的介质叫光密介质。

一种介质是光疏介质还是光密介质总是相对另一种介质而言的,如比较水、玻璃和金刚石三种不同的物质,相对水而言,玻璃是光密介质;而相对金刚石而言,玻璃是光疏介质。

当光从光密介质射入光疏介质时,当入射角增大到某一角度时,折射角就会十分接近90°。此时如果继续增大入射角,会出现什么现象呢?

演示实验

研究光的全反射

如图 6-12 所示,把半圆形的玻璃砖固定在光具盘的中央。让光沿玻璃砖的半径从底部射入玻璃砖,可以清楚地看到入射光线、反射光线和折射光线。改变入射光的方向,逐渐增大入射角,观察反射光线和折射光线。从实验可以看到,随着入射角的增大,折射光线离法线越来越远,亮度越来越弱,反射光线越来越强。当入射角增大到某一角度时,折射角将增大到90°,这时折射光线完全消失,只剩下反射光线,即光不再通过上部界面折射出去。

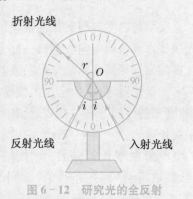

图 6-12 研究光的全反射

光在两种介质的分界面全部发生反射,不发生折射的现象,叫 全反射。

6.4.2 全反射的条件

在入射角增大的过程中,刚好发生全反射,即折射角等于 90°时的入射角,叫全反射的临界角,通常用 C 表示。引入临界角的概念后,发生全反射的条件就可以归纳如下:

(1)光从光密介质射向光疏介质;

(2)入射角等于或大于临界角。

根据折射定律,当光从空气射入该介质时,有

$$\frac{\sin i}{\sin r} = n$$

根据光路的可逆性知道，当光从该介质射入空气时，入射角 $i'=r$，折射角 $r'=i$，于是有 $\dfrac{\sin i'}{\sin r'}=\dfrac{\sin r}{\sin i}=\dfrac{1}{n}$。

当发生全反射时，$i'=C$，$r'=90°$，所以有 $\dfrac{\sin C}{\sin 90°}=\dfrac{1}{n}$，即

$$\sin C=\frac{1}{n}$$

利用上式，已知介质的折射率，就可求得光从该介质射向空气或真空的临界角 C。几种常见介质的临界角 C 见表 6-2。

表 6-2　几种介质的临界角

介质	临界角	介质	临界角
金刚石	24.5°	酒精	47.3°
玻璃	32°—42°	水	48.7°
岩盐	40.5°	冰	49.8°
甘油	42.9°	空气	88.6°

6.4.3　生活中的全反射

全反射是自然界很常见的现象。例如，水或玻璃中的气泡，看起来特别明亮，就是因为光线从水或玻璃射向气泡时一部分光在界面上发生了全反射。

横截面为等腰直角三角形的玻璃棱镜叫全反射棱镜，在制造照相机、望远镜、显微镜等精密光学仪器时，常用全反射棱镜替代平面镜。如在潜望镜中用全反射棱镜替代平面镜，改变光的传播方向。在望远镜中使用全反射棱镜，既不降低放大倍数，又能大大地缩短镜筒长度。

全反射在现代通信技术中也有广泛的应用，我们常听到的"光纤通信"就利用了全反射的原理。光纤是光导纤维的简称，它是用导光性能好的玻璃纤维制成的，直径只有几微米到一百微米，由内芯和外套两层组成（图 6-13）。内芯相对外套是光密介质，因此，光在内芯和外套的界面上发生全反射。

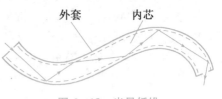

图 6-13　光导纤维

光纤通信应用前景非常广阔，光纤通信已广泛应用于电话，成为宽带通信的基础。我国是世界上光纤通信技术较为先进的几个国家之一。

演示实验

海市蜃楼

有时人们会看到山峰、船舶、楼阁悬挂在远方的天空中，古人曾误认为这种景观是由蜃（蛟龙或大蛤蜊）吐气而成的，故称之为"海市蜃楼"，也叫"蜃景"。

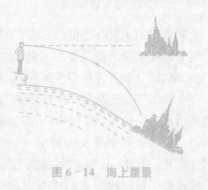

实际上，它是大气中的一种光现象，是光在密度分布不均匀的空气中传播时发生折射甚至全反射而产生的。原来，海面上的下层空气温度比上层低，密度比上层大，折射率比上层也大。因此，海面上的空气可以粗略地看作是由折射率不同的许多水平气层组成的。从远处的山峰、船舶、楼阁、人等发出的光线射向空中时，由于不断地发生折射，越来越偏离法线，即在进入温度较高的上层空气

图 6 - 14　海上蜃景

时，入射角不断增大，以至于发生全反射。这些光线进入观察者眼中，在它们的反向延长线处有上述景物的虚像悬在空中（图 6 - 14），这就是蜃景。

在沙漠地带和柏油路上，也能看到蜃景。这是因为，太阳照在沙漠或柏油路面上，使地面附近下层空气的温度比上层高，折射率比上层小。因而，从远处物体射向地面的光线，进入下方较热的空气层时不断地发生折射，入射角逐渐增大，以至于发生全反射。这些光线进入观察者眼中，远处的地面就如反光

图 6 - 15　沙漠蜃景

的水面一样，格外明亮。有时还能看到远处物体的倒像（图 6 - 15），犹如从水面反射出来一样。因此，沙漠中的旅行者有时会意外地发现前方有一片晶莹的"水面"，而当他们向前走去时，"水面"却可望而不可即，这也是蜃景。

习题 6.4

1. 光从一种介质射入另一种介质中，能发生全反射的是　　　　　　　（　　）
   A. 光从空气射向水　　　　　　　B. 光从玻璃射向金刚石
   C. 光从水射向玻璃　　　　　　　D. 光从玻璃射向空气

2. 光从折射率 $n=\sqrt{2}$ 的介质射入空气中，已知入射角为 $60°$，光在介质与空气的分界面上能发生全反射吗？

3. 已知光线从空气射入水中，求光在水中的最大折射角。

6.5 光的色散

6.5.1 光的色散实验

太阳发出的光照亮了世界,物理学家牛顿用三棱镜分解了太阳光,揭示了光的颜色之谜。光学中经常使用横截面为三角形的玻璃柱,叫三棱镜,简称棱镜。太阳光是白光,它经过棱镜后被分解为各种颜色的光,这种现象叫光的色散。

让一窄束平行光从空气射到棱镜的一个侧面 AB 上,经过棱镜后从另一侧面 AC 射出,可以看到,光线两次向棱镜底面偏折。因为折射率越大的物质对光线的偏折作用越大,所以当入射角一定时,棱镜材料的折射率越大,偏折角度 θ 越大。棱镜除了可以改变光的传播方向以外,还可以使光发生色散。

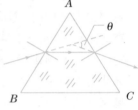

图 6-16 三棱镜的折射

> 白光通过狭缝形成扁扁的一条光束,入射到棱镜上,经棱镜偏折后照在后面的光屏上,由许多不同颜色的亮线互相连接形成的一条彩色光带,叫光谱。
>
> 这个现象说明白光实际上是由各种单色光组成的复色光。

在光谱中红光处在最上端,紫光处在最下端,从上到下中间依次是橙、黄、绿、蓝、靛等色光。红光的偏折角度最小,表明棱镜材料对红光的折射率最小;紫光的偏折角度最大,表明棱镜材料对紫光的折射率最大。

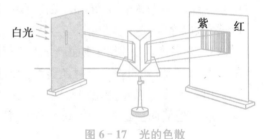

图 6-17 光的色散

棱镜材料对不同色光的折射率不同,表明不同色光在同一介质中的传播速度不同。在同种介质中,按照红、橙、黄、绿、蓝、靛、紫的顺序从红光到紫光,传播速度依次减小。

6.5.2 自然界的色散现象

雨过天晴,天空中常常出现一道由红、橙、黄、绿、蓝、靛、紫七种颜色组成的弧形光带,叫作虹。在虹的上面有时还有一条颜色较淡的相似的光带,叫作霓。它们是自然界常见的色散现象。

虹和霓出现在大雨前后,这时天空中悬浮着许多微小的水珠,它们对太阳光起着与棱镜相同的作用。太阳光照到这些小水珠上,在进入小水珠时首先发生折射,然后在小水珠内部发生反射,最后从小水珠射出时再次发生折射。经过这两次折射后,太阳光中不同的色光便沿着不同的方向从小水珠射出来,于是就发生了色散现象。

做一做

自制小彩虹

在阳光明媚的日子里,背对太阳,向空中喷一口水(或用喷雾器喷水),就会在水雾中看到一条小彩虹;在太阳光很强时还能看到霓。同学们不妨试一试。

洒水车朝着太阳前进,你在后面能看到彩虹吗?

习题 6.5

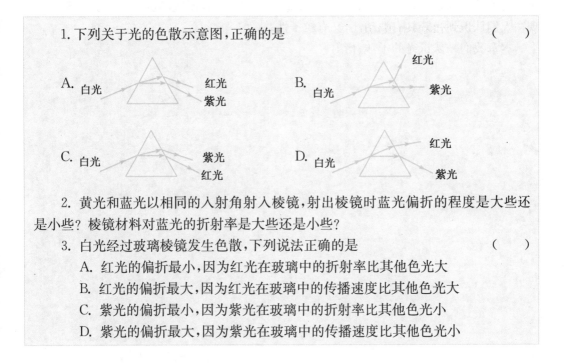

1. 下列关于光的色散示意图,正确的是 （　　）

2. 黄光和蓝光以相同的入射角射入棱镜,射出棱镜时蓝光偏折的程度是大些还是小些? 棱镜材料对蓝光的折射率是大些还是小些?

3. 白光经过玻璃棱镜发生色散,下列说法正确的是 （　　）

    A. 红光的偏折最小,因为红光在玻璃中的折射率比其他色光大

    B. 红光的偏折最大,因为红光在玻璃中的传播速度比其他色光大

    C. 紫光的偏折最小,因为紫光在玻璃中的折射率比其他色光小

    D. 紫光的偏折最大,因为紫光在玻璃中的传播速度比其他色光小

第7章 光的本性

本章导读 ▶

光到底是什么？在人类不断认识世界的进程中，光的本质一直是科学界关注的问题。17世纪，科学界形成一种以牛顿支持的粒子说，即认为光是一种微粒。另一种是惠更斯提出的波动说，认为光是空间传播的某种波。19世纪，观察到光的干涉和衍射现象，证明了波动说的正确性。19世纪末，又发现了新的现象——光电效应，认为光具有粒子性。现在人们认识到光既具有波动性，又有粒子性。

本章我们来认识光的干涉、衍射。

7.1　光的干涉现象

7.1.1　双缝干涉

如果光真的是一种波,那么两束光在一定条件下应该发生干涉,干涉是波特有的现象。1801 年,英国物理学家托马斯·杨在实验室找到了符合干涉条件的两束光,成功地观察到了光的干涉。最初,杨氏用小孔做光的干涉实验,后来,他改用狭缝代替小孔做实验,结果得到了更加明亮的干涉图样,于是后人把他的实验叫双缝干涉。

如图 7-1,让一束平行的单色光(如红色的激光束)射到一个有两条狭缝 S_1 和 S_2 的挡板上,狭缝 S_1 和 S_2 相距很近(例如 0.1 mm)。如果光是波,那么任何时刻平行光的光波都会同时传到狭缝 S_1 和 S_2,这两个狭缝就成了两个波源,它们的频率、相位和振动方向总是相同的,它们发出的光波符合波的干涉条件,在挡板后面的空间叠加时,就应该出现干涉现象:在一些位置互相加强,在一些位置互相抵消,在挡板后面的屏上出现了明暗相间的条纹。这就证明了光的确是一种波。

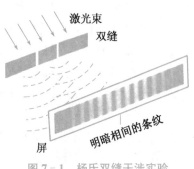

图 7-1　杨氏双缝干涉实验

7.1.2　干涉的条件

由于波源 S_1 和 S_2 的振动情况(频率、相位、振动方向)完全相同,到达屏上 O 点经过的距离相同,所以这两列波的波峰(或波谷)将同时到达 O 点。在 O 点两列波的相位相同,光波得到加强,于是这里就出现一条明条纹。

在屏上 P_1 点,它距 S_1 和 S_2 的距离不同,从 S_1 和 S_2 发出的两列光波到达 P_1 点经过的路程不同,所以两列波的波峰(或波谷)就不再同时到达 P_1 点。如果两列波到达 P_1 点的路程差正好是半个波长,那么当一列波的波峰到达 P_1 点时,另一列波正好在这里出现波谷。因此,在 P_1 点两列波总是波峰跟波谷叠加,光波互相抵消,于是在这里就出现一条暗条纹。

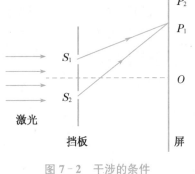

图 7-2　干涉的条件

实验证明,当两个光源与屏上某点的路程差等于波长的整数倍,两列波到达 P 点时互相加强,这里就出现明条纹;如果路程差等于半波长的奇数倍,两列波到达 P 点时互相削弱,这里就出现暗条纹。

用白光做双缝干涉实验时，会出现什么样的干涉图样，为什么在屏上出现彩色的干涉条纹？

7.1.3 薄膜干涉

光的干涉现象经常出现在自然界和日常生活中。肥皂泡上、浮在水面的油膜上和某些昆虫很薄的透明翅膀上常常出现的彩色花纹，就是光的干涉造成的。这种干涉现象出现在透明的薄膜上，叫薄膜干涉。

演示实验

观察薄膜干涉现象

把铁丝框在肥皂液中蘸一下，使铁丝框上挂上一层薄薄的肥皂液膜，然后把铁丝框竖直放着。在铁丝框的前面放一盏酒精灯，在酒精灯的灯芯上撒一些食盐，点燃酒精灯，使灯焰发出黄光，从适当角度观察，在铁丝框的肥皂液膜上可看到灯焰的像。仔细观察灯焰的像，你在像中看到了什么？

通过观察可以发现，在肥皂液膜上的火焰像中有一些水平的明暗相间的条纹（图7-3）。这就是光产生干涉现象的结果。

原来，来自酒精灯焰的同一束入射光在到达肥皂液膜后，能从膜的前后两个表面反射出两列反射光。这两列反射光频率相同，能够发生干涉。竖直放置的肥皂薄膜由于受重力的作用，形成上薄下厚的梯形，因此，在薄膜上不同的地方，来自前后两个表面的两列反射光波所

图7-3 薄膜干涉

经过的路程差不同。在某些厚度的地方，这两列反射光波波峰与波峰相遇或波谷与波谷相遇，叠加后互相加强，形成明条纹；在另一些厚度的地方，两列反射光波波峰与波谷相遇，叠加后互相削弱，形成暗条纹，于是就出现了明暗相间的水平条纹。

7.1.4 生活中的干涉

大阳光是由红、橙、黄、绿、蓝、靛、紫等七种单色光组成的，在阳光的照射下，各种单色光在肥皂液膜不同厚度的地方产生干涉加强或减弱的现象，于是就出现了彩色条纹：在某一厚度处红光得到加强，就呈现红色；在另一厚度处绿光得到加强，就呈现绿色。膜的厚度变化时，各处呈现的颜色也随着变化。除肥皂泡外，水面上的油膜和昆虫的透明翅膀在太阳底下呈现彩色花纹，同样是光发生干涉的结果。

光的干涉现象在技术中有许多应用。例如，在磨制各种镜面或其他精密的光学部件时，要求表面非常平滑，可以用干涉法检查加工表面的平滑程度。如图7-4甲，在被检查

平面上放一个透明的样板,在样板和被检查平面之间的右端垫一个薄片,使样板的标准平面和被检查平面之间形成一个楔形空气层。用单色平行光从上向下照射,空气层的上下两个表面反射的两列光波发生干涉,就呈现出明暗相间的条纹:在空气层的某一厚度处,两列光波互相加强,出现明条纹;在另一厚度处,两列光波互相减弱,出现暗条纹。如果被检查表面是平滑的,干涉条纹就是一组平行的直线(图 7 - 4 乙),因为空气层厚度相同处位于一条直线上;如果被检查表面的某个地方不平(有凸起或凹下),那里的条纹就会弯曲(图 7 - 4 丙),因为这时空气层的厚度相同处不在一条直线上。工人师傅从干涉条纹的弯曲方向和程度,就可以了解被检查表面的不平情况。

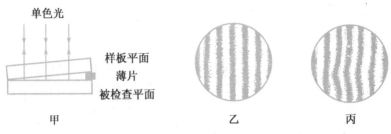

图 7 - 4　用干涉法检查平面

薄膜干涉还常常用于减弱反射光或增强反射光。在照相机、摄像机、望远镜的镜头上都镀有一层透明的薄膜,入射光从膜的上、下两个表面反射出两列光波,适当选择薄膜的厚度,可以使这两列反射光波由于干涉而互相抵消,达到减少光的反射损失,增强透射光的效果。

另外,适当选择薄膜的厚度,也可以使反射光由于干涉而增强,以达到减弱透射光的效果。这种膜叫高反射膜,常用于登山运动员和滑雪者的眼镜镜片上,以保护眼睛不受强光的刺激。

习题 7.1

1. 用白光做双缝干涉实验,多数条纹是彩色的,为什么中间条纹呈白色?

2. 在太阳光下吹肥皂泡,肥皂泡上会出现各种彩色条纹;随着肥皂泡变大,花纹的形状和颜色也会不断地发生变化,分析产生这一现象的原因。

3. 汽油无色透明,为什么公路积水处水面上的汽油层在阳光的照射下会呈现出彩色花纹?

7.2　光的衍射

波能够绕过障碍物发生衍射,那光是一种波,为什么在日常生活中我们观察不到光的衍射,在我们的印象中光都是沿直线传播。

7.2.1　单缝衍射

在不透光的挡板上装有一个宽度可调的狭缝，缝后立着一个光屏。用平行单色光照射狭缝，当缝比较宽时，光沿直线通过狭缝，在屏上产生一条跟缝宽相当的亮线。但是，当把缝调到很窄时，尽管屏上亮线的亮度有所降低，但是宽度反而增大了。可见，此时光没有沿直线传播，而是绕过缝的边缘传播到了更宽的区域。这就是光的单缝衍射现象。

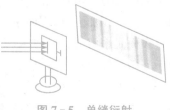

图 7-5　单缝衍射

7.2.2　圆孔衍射

如图 7-6，用点光源照射具有圆孔的挡板 AB，在后面的光屏 CD 上就得到一个圆形亮斑，可以看到，当圆孔比较大时，圆形亮斑的直径可以按照光的直线传播规律作图得到，如图 7-6 甲、乙所示。当圆孔缩小到一定程度时，光传播到屏 CD 上的范围远远超过了它沿直线传播所应照亮的区域（图 7-6 丙），这种现象叫光的圆孔衍射。

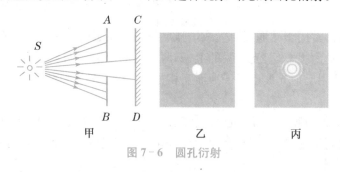

甲　　　　　　乙　　　　　　丙

图 7-6　圆孔衍射

> 光的衍射现象表明，光沿直线传播只是一种特殊情况，是有条件的：一是在没有障碍物的均匀介质中，光是沿直线传播的；二是当障碍物尺寸比光的波长大很多时，光的衍射现象极不明显，可以认为光是沿直线传播的。

当障碍物的尺寸跟光的波长差不多，甚至比光的波长还小的时候，光的衍射现象十分明显。光的波长很短，只有十分之几微米，通常的物体都比它大得多，因此，光很难发生衍射现象。但是当光射向一条狭缝、一个针孔或一根细丝时，可以清楚地观察到光的衍射。

7.3　光的粒子性

7.3.1　光电效应的规律

光究竟是什么？19 世纪开始观察到的光的干涉、衍射、偏振现象都使微粒说几乎陷于了绝境。麦克斯韦和赫兹先后从理论和实验上确认了光的电磁波本质，但是，人们已经发现了后来叫光电效应的现象,这个现象使光的电磁说又遇到了无法克服的困难,重新提出"光的粒子说",不断发现和认识新现象,是科学发展的必由之路。

科学家汤姆孙证实了,照射到金属表面的光,能使金属中的电子从表面逸出,这个现象称为光电效应,这种电子常被称为光电子。

演示实验

研究光电效应

如图 7-7,把一块擦得很亮的锌板连接在验电器上,用弧光灯(或者紫外线灯)照射锌板,观察会发生什么现象。通过观察可以发现,验电器的箔片(或指针)张开了某一角度,表明锌板带上了电荷。进一步检验知道锌板所带的电荷是正电荷。

原来,在弧光灯(或紫外线灯)的照射下,锌板中一部分自由电子从表面逸出,锌板因缺少了电子,于是带上正电。这种在光的(包括不可见光)照射下从物体中逸出电子的现象,叫光电效应。所逸出的电子,叫光电子。

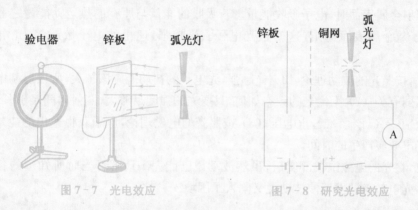

图 7-7　光电效应　　　　　　图 7-8　研究光电效应

如图 7-8,锌板接电源负极,铜网接电源正极,A 是电流表。在弧光灯(或紫外线灯)的照射下,从锌板表面逸出的电子,在锌板和铜网间的电场作用下飞到铜网,于是电路中就有了电流。

由光电子产生的电流,叫光电流。

7.3.2　光电效应的规律

存在饱和电流,在光照条件不变的情况下,随着电压增大,光电流趋于一个饱和值,即在电流较小时电流随电压的增大而增大;但当电流增大到一定值之后,即使电压再增大,电流也不会增大了。

在入射光的颜色不改变的情况下,入射光越强,饱和电流越大。对于一定颜色的光,入射光越强,单位时间内发射的光电子数越多。

当所加电压 U 为 0 时,电流 I 不为 0。只有施加反向电压,电流才有可能为 0,使光电流减小到 0 的反向电压称为遏制电压。遏制电压的存在意味着光电子具有一定的初速度。无论光的强弱如何,遏制电压都是一样的,所以光子的能量只与入射光的频率有关,而与入射光的强弱无关。

> 当入射光的频率减小到某一数值时,即使不施加反向电压也没有光电流,这表明没有光电子,这个频率称为截止频率或极限频率。如果入射光的频率低于某金属的极限频率,那么无论光多么强,照射时间多么长,都不会产生光电效应。实验表明,不同金属的截止频率不同。

7.3.3 解释光电效应时的疑难

金属中的电子由于受原子中正电荷的吸引,在温度不高时不能大量逸出金属表面,说明在金属表面层存在一种力,阻碍电子的逃逸。电子要从金属中挣脱出来,必须克服这种阻碍做功。使电子脱离某种金属所做功的最小值,叫金属的逸出功,不同金属的逸出功不同。

光照射金属表面时,电子吸收能量。若吸收的能量与原有的热运动能量之和超过逸出功,电子从金属表面逸出,这就是光电子。光越强,逸出的电子数越多,光电流也就越大。

但是,按照光的波动理论,(1) 光越强,光电子的初动能应该越大,所以遏制电压应该与光的强弱有关;(2) 无论光的频率如何,只要光的强度足够大,照射时间足够长,就能产生光电效应,不应该存在遏止电压;(3) 按照光的电磁理论,电子获得逸出的能量时间远远大于光电效应产生的时间。

可见,在光的电磁说被证实后,虽然波动说已能完满地解释当时所知道的各种光现象,然而,光电效应的发现使波动说又陷入了困境。

7.3.4 爱因斯坦的光电效应方程

爱因斯坦(1879—1955)在普朗克的启发下提出一种新的学说:在空间传播的光也不是连续的,而是一份一份的,每一份光叫一个光子,光子的能量 E 跟它的频率 ν 成正比,$E=h\nu$,其中 ν 是辐射电磁波的频率,h 叫作普朗克常量。这个学说后来叫光子说。光子说能够很好地解释光电效应的规律。

按照光子说,当光射到金属表面时,金属中的电子把光子的能量 $h\nu$ 全部吸收后,电子把这部分能量做两种用途,一部分用于克服金属原子引力做功(称为逸出功 W_0)而被消耗,另一部分转换成电子从金属表面逸出时所获得的初动能 $E_k=\dfrac{1}{2}mv^2$。用 W_0 表示逸出功,$W_0=h\nu_0$,其中,ν_0 为金属的极限频率,即有

$$\frac{1}{2}mv^2=h\nu-W_0$$

这就是爱因斯坦的光电效应方程。

7.3.5　光电效应的应用

利用光电效应可以把光信号变为电信号,光电管就是其中的一种。利用光电管可以设计出各种自动控制电路,由光照控制电路的接通和断开。光电管体积大,使用不便,因此,在各种光电控制电路中逐渐被光电二极管和光电三极管等多种光电半导体元件所取代。

在有声电影中,光电管用于录音和放音。录音时,通过专门的设备使声音的变化转变成光的强弱变化,并用这种强度不断变化的光使电影胶片的边缘部分感光,从而使胶片记录下影片的声音信息。放映电影时,来自放映机上一条细细的光束照亮胶片上的锯齿状条纹,并使条纹的影落在光电管上,胶片不停地前进,光电管上影的宽度不断发生变化,电路中就产生强弱变化的电流,它携带着影片的声音信息,经放大后送到扬声器还原出影片的声音。

7.3.6　康普顿效应

光在介质中与物质微粒相互作用,传播方向发生改变,这种现象叫光的散射。1923年,美国物理学家康普顿在研究 X 射线通过实物物质发生散射的实验时,发现在散射光中除了有原波长 λ_0 的 X 光外,还产生了波长 $\lambda > \lambda_0$ 的 X 光,这种现象称为康普顿效应。康普顿用光子的模型,认为光也像其他粒子那样具有动量,即

$$p = mc = \frac{h\nu}{c^2} \cdot c = \frac{h\nu}{c}$$

又考虑到 $\frac{c}{\nu} = \lambda$,所以光子的动量为

$$p = \frac{h}{\lambda}$$

光电效应和康普顿效应深入揭示了光的粒子性,前者表明光子具有能量,后者表明光子除了具有能量之外还具有动量。

7.4　波粒二象性

7.4.1　光的波粒二象性

光的干涉和衍射现象表明光是一种波,而光电效应又无可辩驳地证明了光是一种粒子。如果现在要问光的本性是什么,现代物理学的结论是,光既有波动性,又具有粒子性,即光具有波粒二象性。

光子的能量 ε 和动量 p 分别是 $\varepsilon = h\nu$ 和 $p = \frac{h}{\lambda}$,它们是描述光的性质的基本关系式。能量 ε 和动量 p 是描述物质的粒子性的重要物理量,而波长 λ 和频率 ν 是描述光的波动性,它们通过普朗克常量 h 联系在一起,h 架起了粒子性和波动性之间的桥梁。

7.4.2 物质波

物理学把物质分为两大类,一类称作实物,如质子、电子、原子、分子等;另一类统称场,包括电场、磁场等。光是一种电磁波,即传播着的电磁场,既然光具有粒子性,那么,在一定条件下,质子、电子、原子、分子等实物粒子是否会表现出波动性?

1924 年,法国物理学家德布罗意把光的波粒二象性推广到实物粒子,认为实物粒子也具有波动性,这种与实物粒子相联系的波称之为德布罗意波,也叫物质波,它的波长为

$$\lambda = \frac{h}{p}$$

式中,h 是普朗克常量,p 是运动物体的动量。根据上述公式,就可计算物体的德布罗意波的波长。

> **例** 一个质子经电场加速后获得的速度为 3.8×10^7 m/s,据此可计算出其德布罗意波长:
>
> $$\lambda_{质} = \frac{h}{p_{质}} = \frac{h}{m_{质}v_{质}} = \frac{6.63 \times 10^{-34}}{1.67 \times 10^{-27} \times 3.8 \times 10^7} = 1.05 \times 10^{-14}\,(\text{m})$$
>
> 质量为 12 g,以 150 m/s 的速度飞行的子弹的德布罗意波长:
>
> $$\lambda_{子} = \frac{h}{p_{子}} = \frac{h}{m_{子}v_{子}} = \frac{6.63 \times 10^{-34}}{12 \times 10^{-3} \times 150} = 3.7 \times 10^{-34}\,(\text{m})$$

随着伦琴射线的发现,德国物理学家劳厄证实了伦琴射线就是波长为十分之几纳米的电磁波。1927 年戴维孙和汤姆孙分别做了电子束衍射的实验,证实了电子的波动性。除了电子外,后来还陆续证实了质子、中子以及原子、分子的波动性。宏观物体的德布罗意波长比微观粒子的波长短得多,根据衍射现象的条件(障碍物或缝的尺寸比波长小,至少跟波长差不多)知道,宏观物体是很难表现出波动性的。

物质波是一种概率波。也就是说,对于质子、电子等微观粒子,不能用确定的坐标来描述它们的位置,因此也无法用轨迹来描述它们的运动,但是它们在空间各点出现的概率,受波动规律的支配。

阅读材料 ⟩⟩

激　光

1960 年,科学家在实验室里激发出了一种自然界中没有的光,称为激光。60 年来,随着人们对激光研究和利用的不断深入,激光已经进入我们生活的方方面面。那么,激光到底是怎样的光,为何有如此大的用途?

原来,光是从物质的原子中发射出来的。原子获得能量以后处于不稳定状态,它会以光子的形式把能量发射出去。但是,普通的光源,例如白炽灯,灯丝中每个原子在什么时刻发光,朝哪个方向发光,都是不确定的,发光的频率也不一样,也就是说,这些普通光源

的原子发射的光是向四面八方辐射的,频率也不一定相同,这样的光称为**自然光**。

1917 年,爱因斯坦就从理论上指出了激光的原理。当原子处于某激发态 E_m 时,如果有频率 $\nu = \dfrac{E_m - E_k}{h}$ 的光子从附近通过,在它的影响下原子会发出一个同样的光子而跃迁到低能级 E_k 去。这种辐射叫受激辐射。如果受激辐射的光子在介质中传播时又引起其他原子发生受激辐射,就会产生越来越多相同的光子,因而使光得到增强。这种利用受激辐射而得到增强的光,就叫激光。打个比方,如果把自然光比作街道上便步行走的人群,激光则是齐步前进的军队。

激光的单色性好。这是因为受激辐射时发射的光子的频率相同,因此,激光不含有其他色光。频率相同的光叠加时能产生干涉现象,称为相干光。激光是一种人工产生的相干光。它能像无线电波那样进行调制,用来传递信息,平常所说的光纤通信就是激光和光导纤维相结合的产物。此外,由于激光的单色性好,容易发生干涉,常用于拍摄全息照片,这种照片不仅立体感很强,而且记录的信息全面。

激光的方向性好。这是因为产生受激辐射时光子的发射方向相同,能形成一束非常好的平行光,所以在传播很远的距离后仍能保持一定的强度。因此,利用激光可以精确测距。在实际应用中,对准目标发出一个极短的激光脉冲,测量出从发射脉冲到收到回波的时间间隔,就可以算出目标的距离,激光测距雷达就利用了这个原理。多用途的激光雷达还能根据多普勒效应测出目标的运动速度,从而对目标进行跟踪。此外,激光由于方向性好,在使其会聚到很小的一点后,照射到计算机的存储光盘表面上,使涂敷其上的存储介质发生物理变化或化学变化,可记录下要存储的信息。由于会聚点很小,因此,光盘记录信息的密度很高。用激光束照射光盘也可以读出光盘上记录的信息,经过处理后还原出声音和图像。

激光的亮度高。激光可以在很小的空间和很短的时间内集中很大的能量。因此,把强大的激光束会聚起来照射到物体上,可以使物体的被照部分上升到几万度的高温,使之瞬间熔化。因此,在工艺上,激光常用于切割、焊接金属以及硬质材料打孔等;在医学上,激光常用于切开皮肤、切除肿瘤、"焊接"视网膜等,被誉为医学上的"光刀"。

原子核聚变时释放的核能是一种很有生命力的能源。怎样使原子核在人工控制下进行聚变反应,这是各国科学家研究的重要课题。一个可能的实现途径是,把核燃料制成小颗粒,用激光从四面八方对它进行照射,利用强激光产生的高压引起核聚变。

第8章　原子核物理

本章导读 ▷

　　核能是蕴藏在原子核内部的能量,核能的发现是人们探索微观物质世界的一个重大成功。1991年,我国自行设计建造的秦山核电站成功并网发电,使我国成为第六个能够独立建造核电站的国家。本章将介绍原子核的基本知识,通过本章,我们将对原子核和核能有更多的了解。

8.1　原子核的结构

8.1.1　天然放射现象

关于原子核内部信息,最早来自天然放射现象,人们从破解天然放射现象入手,进一步揭开了原子核的秘密。

1896 年法国物理学家贝克勒尔在进行 X 射线实验时,发现了一种含铀的荧光物质能不断地自发地放射出某种看不见、穿透力强的射线。居里夫妇接下来的发现使对放射现象开始进入一个新的台阶。物质发射射线的性质称为放射性,具有放射性的元素称为放射性元素。研究发现,原子序数大于或等于 84 的所有元素,都能自发地放出射线。原子序数小于 84 的元素,有的也具有放射性。

8.1.2　三种射线

把放射性元素放入用铅做成的容器中,射线只能从容器的小孔射出。在射线经过的空间施加磁场,射线分裂成三束,这三种射线分别是 α 射线、β 射线、γ 射线。

α 射线是高速粒子流,α 粒子带正电,电荷量是电子的 2 倍,质量是氢原子的 4 倍。α

粒子从放射性物质中射出时有很大的动能,速度可达光速的 $\frac{1}{10}$,很容易使气体电离,使底

片感光。但由于它跟物质的原子碰撞时很容易损失能量,因此它贯穿物质的本领很小,在空气中只能前进几厘米,一张普通的纸就能把它挡住,是三种射线中穿透能力最弱的。

β 射线是高速电子流。β 粒子的速度可达光速的 99%,它的电离作用较弱,穿透能力强,很容易穿透黑纸,甚至能穿透几毫米厚的铝板和几十厘米的混凝土。

γ 射线是波长很短的光子流,电离作用更小,能力高,穿透能力很强。

如果将三种射线射入磁场,它们的运动情况会发生不同的改变。请同学们根据前面学过的洛伦兹力的知识判断图 8-1 中哪束是 α 射线,哪束是 β 射线,哪束是 γ 射线.

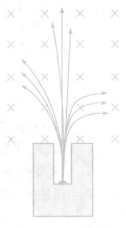

图 8-1　三种射线

8.1.3　原子结构

长期以来,人们一直认为原子是最小的结构的单元。1897 年英国物理学家汤姆生发现了电子。1919 年,卢瑟福用 α 粒子轰击氮原子核,打出一种新的粒子,经过实验测量,这种粒子就是氢原子核,叫质子。

卢瑟福猜想原子核内可能还存在着另一种粒子,质量跟质子相等,但是不带电,他把这种粒子称为中子。卢瑟福的这一猜想被他的学生查德威克用实验证实,精确的测量表

明,中子的质量非常接近于质子的质量,只比后者大千分一左右。

卢瑟福提出了原子的核式结构模型:在原子的中心有一个很小的核,叫原子核,原子的全部正电荷和几乎全部质量都集中在原子核里,带负电的电子在核外的空间运动。

> 质子和中子统称为核子。中子不带电,原子核所带的电荷等于核内质子所带电荷的总和,所以原子核所带的电荷都是质子电荷的整数倍,通常就用这个整数代表原子核的电荷量,用 Z 表示,叫原子核的电荷数。原子核的质量等于核内质子和中子的质量的总和,而质子和中子的质量几乎相等,所以原子核的质量近似等于核子质量的整数倍。通常就用这个整数代表原子核的质量,用 A 表示,叫原子核的质量数。

原子核的电荷数就是核内的质子数,也就是这种元素的原子序数,原子核的质量数就是核内的核子数。例如氦核的电荷数是 2,表示氦核内有 2 个质子;氦核的质量数是 4,表示氦核内有 4 个核子,其中 2 个是中子。可以在元素符号的左下角和左上角分别标出它的质子数和质量数。例如 ^4_2He 代表质子数为 2 质量数为 4 的氦核,$^{226}_{88}Ra$ 代表电荷数为 88 质量数为 226 的镭核。有时也可以只标质量数如 ^{226}Ra,或用汉字,写为镭 226。

原子核的质子数决定了核外电子的数目,也决定了电子在核外的分布情况,进而决定了这种元素的化学性质。同种元素的原子,质子数相同,核外电子数也相同,所以有相同的化学性质;但是它们的中子数可以不同。这些具有相同质子数而中子数不同的原子,在元素周期表中处于同一位置,因而互称同位素。例如,氢有三种同位素,分别叫氕、氘(也叫重氢)、氚,符号是 ^1_1H、^2_1H、^3_1H。

习题 8.1

1. 氢有三种同位素,分别是氕 ^1_1H、氘 ^2_1H、氚 ^3_1H,则 （　　）

    A. 它们的质子数相等　　　　　　B. 它们的核外电子数相等

    C. 它们的核子数相等　　　　　　D. 它们的中子数相等

2. $^{228}_{88}Ra$ 是镭的一种同位素,让 $^{226}_{88}Ra$ 和 $^{228}_{88}Ra$ 以相同速度垂直射入磁感应强度为 B 的匀强磁场中,它们运动的轨道半径之比为多少?

8.2 放射元素的衰变

8.2.1 原子核的衰变

原子核放出 α 粒子或 β 粒子后,由于核电荷数发生了变化,变成新的原子核。我们把这种变化称为原子核的衰变。

铀 238 核放出一个 α 粒子后，核的质量数减少 4，电荷数减少 2，成为新核。这个新核就是钍 234 核。这种衰变过程叫 α 衰变。这个过程可以用下面的衰变方程表示：

$$_{92}^{238}\text{U} \longrightarrow _{90}^{234}\text{Th} + _{2}^{4}\text{He}$$

在这个衰变过程中，衰变前的质量数等于衰变后的质量数之和；衰变前的电荷数等于衰变后的电荷数之和。研究表明，原子核衰变时电荷数和质量数都守恒。

$_{92}^{238}\text{U}$ 在 α 衰变时产生的 $_{90}^{234}\text{Th}$ 也具有放射性，它能放出一个 β 粒子而变为 $_{91}^{234}\text{Pa}$（镤）。电子的质量比核子的质量小得多，原子核放出一个电子后，质量数不变。因此，我们可以认为电子的质量数为 0，电荷数为 -1，可以表示为 $_{-1}^{0}\text{e}$。这样，上述过程可以用下面的衰变方程来表示：

$$_{90}^{234}\text{Th} \longrightarrow _{91}^{234}\text{Pa} + _{-1}^{0}\text{e}$$

这种放出 β 粒子的衰变过程叫 β 衰变。

原子核里没有电子，但是核内的中子可以转化成质子和电子，发生 β 衰变时，产生的电子是从核内中子转化为一个质子和一个中子，转化方程为

$$_{0}^{1}\text{n} \rightarrow _{1}^{1}\text{H} + _{-1}^{0}\text{e}$$

原子核能量的变化是不连续的，因此也存在着能级，而且能级越低越稳定。放射性的原子核在发生 α 衰变、β 衰变时，能量以 γ 光子的形式辐射出来。这时射线中就会同时具有 α、β 和 γ 三种射线。

8.2.2　半衰期

有些同位素具有放射性，叫放射性同位素。放射性同位素衰变的快慢有一定的规律。例如，钍 234 经过 β 衰变变为镤 234，如果隔一段时间测量一次剩余钍的数量就会发现，大约每过 24 天就有一半的钍发生了衰变。也就是说，经过第一个 24 天，剩有一半的钍，经过第二个 24 天，剩有 $\frac{1}{4}$ 的钍，再经过 24 天，剩有 $\frac{1}{8}$ 的钍（图 8-2）……因此，我们可以用半衰期来表示放射性元素衰变的快慢。放射性元素的原子核有半数发生衰变所需要的时间，叫这种元素的半衰期。

不同的放射性元素，半衰期不同，甚至差别非常大。例如，氡 222 衰变为钋 218 的半衰期是 3.8 天，镭 226 衰变为氡 222 的半衰期是 1620 年，铀 238 衰变为钍 234 的半衰期竟长达 4.5×10^9 年。放射性元素的半衰期，描述的是统计规律。如图 8-2 所示为钍的衰变，纵坐标表示的是任意时刻钍的质量 m 与 $t=0$ 时的质量 m_0 的比值。

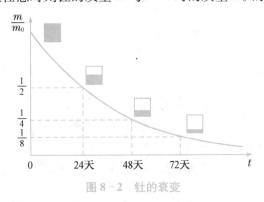

图 8-2　钍的衰变

放射性元素衰变的快慢是由原子核内部本身因素决定的,跟原子所处的物理或化学状态无关。例如,一种放射性元素,不管它是以单质形式存在,还是和其他元素形成化合物,或者改变外部环境,都不能改变它的半衰期。这是因为衰变发生在原子核的内部,压力、温度与其他元素的化合等都不会影响原子核的结构。

8.2.3　放射性同位素的应用

放射性同位素在工农业生产、生物、医学以及国防和科研方面应用很广泛。

1. 利用它的放射线

在工业上,利用放射性同位素放出的γ射线的贯穿本领,可以检查金属内部有没有砂眼或裂纹,这叫γ射线探伤。在医疗卫生上,利用γ射线对生物组织的物理、化学反应,可以治疗肿瘤,对医疗器械进行消毒。在农业上可用来消灭害虫,保存谷物等。利用射线辐射种子,可以引起遗传变异,来选育优良品种。

2. 用它作为示踪原子

放射性同位素的原子可以跟没有放射性的原子一样参加化学反应。因此,把微量的放射性同位素的原子掺到其他物质中去,让它们一起运动或发生化学变化,然后用探测放射性的仪器进行跟踪探测,就可以知道放射性原子通过的路径、到达的位置和发生的化学变化,从而可以了解某些不易查明的情况和规律。这种用途的放射性同位素是利用原子的放射性把原子的行踪显示出来,因此叫示踪原子。示踪原子的用途是很广的。用示踪原子来研究农作物吸收肥料的规律,或研究药物到达人体内的部位和被人体各器官吸收的规律。

放射性不仅有有利的一面,也有有害的一面。过量的放射性会对环境造成污染,对人类和自然界产生破坏作用。例如1987年苏联切尔诺贝利核电站的核泄漏造成了许多人员的伤亡。不仅原子弹爆炸、核电站泄漏会产生严重的污染,一些人工合成的放射性物质以及一些天然物质所放出的过量的放射线对人类和自然也会产生严重的危害。例如,在利用放射性同位素给病人做"放疗"时,如果放射性的剂量过大,皮肤和肉就会溃烂不愈,导致病人因放射性损害而死去。有些矿石中含有过量的放射性物质,如果不注意也会对人体造成巨大危害。

阅读材料

确定古木的年代

考古学家确定古木年代的一种方法是用放射性同位素作为"时钟"来测量漫长的时间,这叫放射性同位素鉴年法。

自然界中的碳主要是^{12}C,也有少量^{14}C,它是高层大气中的原子核在太阳射来的高能粒子流的作用下产生的，^{14}C 是具有放射性的碳的同位素，能够自发地进行 β 衰变，变成氮，半衰期为 5730 年，^{14}C 原子不断产生又不断衰变，达到动态平衡，它在大气中的含量是稳定的，大约在 10^{12} 个碳原子中有一个 ^{14}C。活的植物通过光合作用和呼吸作用与环境交换碳元素，体内 ^{14}C 的比例与大气中的相同。植物枯死后，遗体内的 ^{14}C 仍在进行衰变，不断减少，但是不再得到补充。因此，根据放射性强度减小的情况就可以算出植物死亡的时间。

我国考古工作者用放射性同位素鉴年法对马王堆一号汉墓外椁盖板杉木进行测量，结果表明该墓距今 2130±95 年。通过历史文献考证，该古墓的年代为西汉早期，约在 2100 年前，两者符合得很好。

8.3　核的裂变和聚变

8.3.1　核反应

衰变是原子核的自发变化，1919 年，卢瑟福用 α 粒子轰击氮原子核，产生了氧的一种同位素——氧 17 和一个质子，第一次实现了原子核的人工转变并发现了质子。

$$^{14}_{7}\text{N}+^{4}_{2}\text{He} \rightarrow ^{17}_{8}\text{O}+^{1}_{1}\text{H}$$

用其他粒子去轰击原子核，产生新原子核的过程，称为核反应。在核反应中，反应前后的质量数和电荷数守恒。

用 α 粒子轰击铍原子核，人们发现了中子。这一核反应方程为

$$^{9}_{4}\text{Be}+^{4}_{2}\text{He} \longrightarrow ^{12}_{6}\text{C}+^{1}_{0}\text{n}$$

8.3.2　质能方程核能

原子核是核子凭借核力结合在一起构成的，要把它们分开需要能量，就是原子核的结合能。结合能越大，原子核中核子结合得越牢固，原子核越稳定。

狭义相对论告诉我们，物体的能量 E 和质量 m 存在着密切的联系，它们之间的关系是

$$E=mc^2$$

这就是著名爱因斯坦质能方程。式中 c 是真空中的光速。这个方程告诉我们，物体具有的能量与它的质量之间存在着简单的正比关系。物体的质量增大了，能量也增大；质量减小了，能量也减小。

由于有强大的核力作用，核子在结合成原子核或原子核分解为核子时，伴随着巨大的能量变化。物理学家经过研究发现，任何原子核的质量小于组成它的单个核子的质量总和，这种现象叫质量亏损。那么亏损的质量到哪儿去了呢？

核子在结合成原子核时出现质量亏损，所以要放出能量，大小为

$$\Delta E = \Delta mc^2$$

精确计算表明，中子和质子结合成氘核时，质量亏损 $\Delta m = 0.0040 \times 10^{-27}$ kg，由上面公式可算出这一反应放出的核能为

$$\Delta E = \Delta mc^2$$
$$= \frac{0.0040 \times 10^{-27} \times (2.997 \times 10^8)^2}{1.6022 \times 10^{-19}} \text{ eV}$$
$$= 2.2 \text{ MeV}$$

我们知道，1 mol 的碳完全燃烧放出的能量为 393.5 kJ。一个碳原子在燃烧过程中释放的化学能只有 4 eV。而上述核反应中，每个核子释放的核能就有 1.1 MeV，两者相差数十万倍。1 g 铀中核子所释放的核能总和相当于燃烧 2.5 t 优质煤所释放的化学能。由此可见，核反应中释放的核能是十分巨大的。

8.3.3 核裂变

核物理中把重核分裂成质量较小的核，释放出核能的反应，称为裂变。

一种典型的铀裂变是铀 235 核受到中子轰击产生钡和氪，用中子轰击重核可使重核发生裂变，并释放出新的中子。如果这些中子继续与其他铀 235 发生反应，就能使核裂变反应不断进行下去，这叫核裂变的链式反应。雪崩式的裂变反应就会在瞬间发生，数量巨大的铀核在不到百万分之一秒内全部裂变会放出惊人的核能，并形成剧烈爆炸。这就是原子弹的原理。

8.3.4 核聚变

轻核结合成质量较大的核，释放出核能的反应，称为聚变。

$$^2_1\text{H} + ^3_1\text{H} \longrightarrow ^4_2\text{He} + ^1_0\text{n}$$

要使轻核发生聚变，必须使它们接近到 10^{-15} m 的距离，也就是接近到核力能够发生作用的范围。可是核是带正电的，彼此有库仑斥力。要使它们接近到这样的程度，就需要克服库仑力做功。把原子核加热到极高的温度，剧烈的热运动使得原子核会具有足够的动能，在互相碰撞中能够克服相互的库仑斥力而发生聚变。这种在高温条件下产生的核反应，通常又叫热核反应。由于原子弹爆炸时能产生这种极高的温度，因此可以用原子弹来引起热核反应。

太阳就是一个巨大的热核反应堆，太阳内部的温度都在 1 000 万摄氏度以上。太阳在核聚变过程中，质量不断减轻，科学家们根据太阳中的物质推算，它还可像目前这样发光发热几十亿年。

习题 8.3

1. 下列核反应方程中属研究两弹的基本核反应方程式是　　　　　（　　）

   A. $^{14}_{7}N + ^{4}_{2}He \longrightarrow ^{17}_{8}O + ^{1}_{1}H$

   B. $^{235}_{92}U + ^{1}_{0}n \longrightarrow ^{90}_{38}Sr + ^{136}_{54}Xe + 10^{1}_{0}n$

   C. $^{238}_{92}U \longrightarrow ^{234}_{90}Th + ^{4}_{2}He$

   D. $^{2}_{1}H + ^{3}_{1}H \longrightarrow ^{4}_{2}He + ^{1}_{0}n$

2. 一个铀 235 原子核完全裂变时放出的能量约为 200 MeV。试计算 1 kg 铀完全裂变时能释放出多少能量？它相当于燃烧多少煤释放的能量？（煤的燃烧的热值为 2.9×10^{7} J/kg）

3. 两个中子和两个质子结合成一个氦核，同时释放一定的核能，中子的质量为 1.008 7u，质子的质量为 1.007 3u，氦核的质量为 4.002 6u，试计算用中子和质子生成 1 kg 的氦时，要释放多少核能？

8.4　核能的和平利用

在经济高速发展的今天，能源危机是摆在全人类面前最严重的危机之一。

根据预测，地球上宝贵的石油、煤炭、天然气等不能再生的能源，有可能在几十年到一二百年内被人类耗费殆尽。这种预测的准确性尚待考究，但能源逐年衰竭的现实是人所共知的。和平利用原子能就是解决能源危机的重要途径之一。和平利用原子能主要是通过可控核裂变和可控核聚变的方式来实现的。

8.4.1　原子能反应堆

为了不引发爆炸，实现核能的和平利用，应该让链式反应中产生的核能稳定释放，为此必须控制链式反应进行的速度。核反应堆是一种实现可控链式反应的装置，它可使堆内的链式反应以一定强度进行下去，从而稳定地释放核能。

核电站利用核能发电，它的核心设施是核反应堆。核反应堆的类型多种多样，如慢中子反应堆。这种反应堆中的核反应主要是铀 235 吸收慢中子后发生裂变，而天然铀中只有 0.7% 是铀 235，所以反应堆里用浓缩铀（其中铀 235 占 3%—4%）制成铀棒，作为核燃料。

铀 235 具有易俘获慢中子，而不易俘获快中子的特点。裂变时产生的中子速度都很大，不容易被铀 235 俘获而引起裂变，必须设法使它们的速度降下来。为此在铀棒周围放上减速剂。快中子跟减速剂的原子核碰撞后能量减少，变成慢中子，常用作减速剂的物质有石墨、重水或普通水。

为了调节中子数目以控制反应速度，还需要在铀棒之间插入一些控制棒。控制棒由镉做成。镉吸收中子的能力很强，当反应过于激烈时，使控制棒插入深一些，让它多吸收一些中子，链式反应的速度就会慢一些。反之则把控制棒向外拔出一些。计算机自动调节控制棒的升降，就能使反应堆保持一定的功率，安全地工作。

核燃料裂变释放出来的能量大部分转化为热，使反应区温度升高。水或液态的金属钠等流体在反应堆内外循环流动，把反应堆内的热量传输出去，用于发电，同时也使反应堆冷却，保证安全。核反应堆放出的热使水变成水蒸气，推动汽轮发电机发电。这一部分跟火力发电厂大致相同。

核电站消耗的"燃料"很少，一座百万千瓦级的核电站，每年只消耗 30 吨左右的浓缩铀，而同样功率的火电站，每年要消耗 250 万吨左右的煤。

目前，核能发电技术已经成熟，在经济效益方面也跟火力发电不相上下。作为核燃料的铀、钍等，在地球上可采储量所能提供的能量，比煤、石油等所能提供的能量大 15 倍左右，对环境的污染比火电站要小。

过量的放射线对人和生物是有害的。因此，建造核电站时需要特别注意的一个问题是防止放射线和放射性的物质的泄漏，以避免射线对人体的伤害和放射性物质对水源、空气和工作场所造成放射性污染。为此，在反应堆的外面需要修建很厚的水泥层，用来屏蔽裂变产物放出的各种射线。核反应堆中的核废料具有很强的放射性，需要装入特制的容器，深埋在地下。

8.4.2　可控热核反应的应用和研究情况

与裂变反应相比，热核反应具有以下优点。第一，用相同质量的核燃料，热核反应释放的核能比裂变反应大得多。第二，热核反应不存在核废料处理问题，而裂变时产生的放射性物质，处理比较困难。第三，热核反应的原料——氘，在地球上储量十分丰富。1 L 海水中大约有 0.03 g 氘，如果用来进行热核反应，放出的能量约和燃烧 300 L 汽油热相当。因此，海水中的氘就是异常丰富的能源。

世界上许多国家都在积极研究可控热核反应的理论和技术。我国自行研究的可控热核反应实验装置"中国环流器一号"，于 1984 年 9 月顺利启动。具有国际先进水平的可控热核反应实验装置"HT－7 超导托卡马克"于 1994 年安装调试成功。这些成果标志着我国在研究可控热核反应方面已经具有一定的实力，并将对人类探求新能源的事业做出自己的贡献。

8.4.3　核武器对人类生存的威胁

在人类和平利用原子能的同时，核武器也在迅速发展，并对人类的生存构成了巨大的威胁。原子弹是最早研制出的核武器，它利用原子核裂变反应所放出的巨大能量，通过光辐射、冲击波、早期核辐射、放射性污染和电磁脉冲起到巨大的杀伤作用。氢弹是利用氢的同位素氘、氚等轻原子核的聚变反应，产生强烈爆炸的核武器，又称热核聚变武器。其杀伤机理与原子弹基本相同，但威力比原子弹大几十甚至上千倍。近年来还有中子弹等一些新型核武器被研制成功。

由大规模的核战争所引起的后果是非常严重的：不仅会使成万上亿的人瞬间死于非命，核爆炸还将造成的巨大的放射性污染，将严重破坏地球的生态环境，甚至毁灭全人类。因此人类必须防止发生核战争，并最终彻底销毁核武器。

参考文献

1. 《物理学》, 中等师范学校教科书, 第一册. 人民教育出版社物理室编著. 人民教育出版社 1998 年 12 月第 1 版.

2. 《物理》, 全日制普通高级中学教科书 (必修), 第一册. 人民教育出版社物理室编著. 人民教育出版社 2003 年 6 月第 1 版.

3. 《物理》, 全日制普通高级中学教科书 (必修), 第二册. 人民教育出版社物理室编著: 人民教育出版社 2003 年 6 月第 1 版.

4. 《物理》, 全日制普通高级中学教科书 (必修加选修), 第二册. 人民教育出版社物理室编著. 人民教育出版社 2003 年 6 月第 1 版.

5. 《物理》, 义务教育课程标准实验教科书, 八年级上册. 课程教材研究所编著. 人民教育出版社 2006 年 3 月第 3 版.

6. 《物理》, 义务教育课程标准实验教科书, 八年级下册. 课程教材研究所编著. 人民教育出版社 2006 年 10 月第 3 版.

7. 《物理》, 义务教育课程标准实验教科书, 九年级. 课程教材研究所编著. 人民教育出版社 2006 年 3 月第 3 版.

8. 《趣味物理课堂》, 刘树田著. 上海社会科学院出版社, 2007 年 5 月第一版.

9. 《普通物理学 1》, 程守洙, 江之永主编. 高等出版社, 2003 年 4 月第 5 版.

10. 《自然科学基础》, 张平柯, 陈日晓主编. 人民教育出版社, 2006 年 12 月第 1 版.

11. 《科学物理》, 张平柯主编. 湖南科学技术出版社, 2008 年 10 月第 1 版.